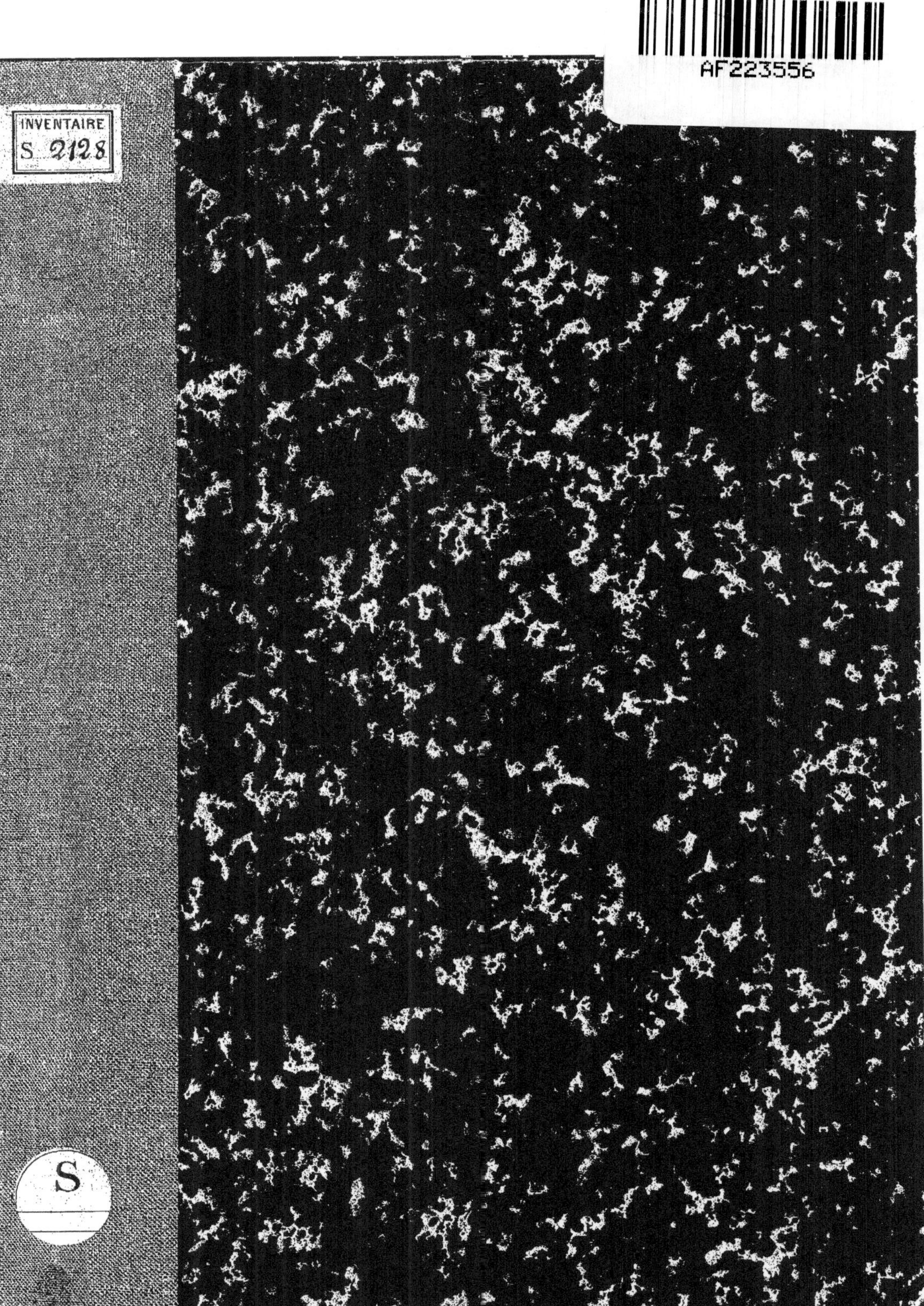

ATLAS

DES

CHAMPIGNONS

COMESTIBLES ET VÉNÉNEUX

REPRÉSENTANT

CENT ESPÈCES LES PLUS RÉPANDUES

ACCOMPAGNÉ

D'UN TEXTE EXPLICATIF

CONTENANT UNE DESCRIPTION DÉTAILLÉE DE CES ESPÈCES, L'INDICATION DES LIEUX OÙ ELLES CROISSENT,
LEURS QUALITÉS ALIMENTAIRES OU NUISIBLES, ETC.

PAR

JOSEPH ROQUES

EXTRAIT DE LA DEUXIÈME ÉDITION

PARIS

VICTOR MASSON ET FILS

PLACE DE L'ÉCOLE-DE-MÉDECINE.

1864

ATLAS

DES

CHAMPIGNONS

COMESTIBLES ET VÉNÉNEUX

REPRÉSENTANT

CENT ESPÈCES LES PLUS RÉPANDUES

ACCOMPAGNÉ

D'UN TEXTE EXPLICATIF

CONTENANT UNE DESCRIPTION DÉTAILLÉE DE CES ESPÈCES, L'INDICATION DES LIEUX OÙ ELLES CROISSENT,
LEURS QUALITÉS ALIMENTAIRES OU NUISIBLES, ETC.

PAR

JOSEPH ROQUES

EXTRAIT DE LA DEUXIÈME ÉDITION

PARIS

VICTOR MASSON ET FILS

PLACE DE L'ÉCOLE-DE-MÉDECINE.

1864

TABLE ALPHABÉTIQUE DES ESPÈCES REPRÉSENTÉES

AVEC LA PAGINATION DU TEXTE

Parmi les parties essentielles des champignons, on distingue la racine, le volva, l'anneau, la cortine, le pédicule, le chapeau, la membrane sporulifère, et les sporules ou semences.

On appelle *racine*, les fibrilles ou filets blanchâtres, déliés, au moyen desquels les champignons tiennent au sol et y puisent une partie des sucs qui doivent servir à leur nutrition.

Le *volva* est une espèce de bourse ou membrane ordinairement blanche et plus ou moins épaisse, qui tire son origine de l'extrémité inférieure du pied du champignon, auquel elle appartient, qui enveloppe entièrement ou en partie son chapeau dans le premier âge, et dont on aperçoit presque toujours des vestiges, soit à la surface de celui-ci, soit à la base du pédicule. Les amanites de Persoon, les genres *Phallus* et *Clathrus*, sont pourvus d'un volva.

L'*anneau*, qu'on nomme aussi *collet* ou *collier*, est une enveloppe partielle qui recouvre d'abord toute la partie inférieure du chapeau, et s'en détache ensuite pour se rabattre au sommet du pédicule, où elle forme une sorte de bourrelet annulaire. On le trouve dans la section des amanites, dans un assez grand nombre d'agarics, et plus rarement dans les bolets.

On donne le nom de *cortine* à une espèce de voile mince et filamenteux comme une toile d'araignée, qui s'étend également du sommet du pédicule aux bords du chapeau, et disparaît presque entièrement à la maturité du champignon. Cette membrane s'observe dans une section de la tribu des agaricées, qui porte le nom de cortinaire.

Le *pédicule*, que l'on appelle également pied ou tige, est la partie qui supporte le chapeau. Les champignons terrestres en sont rarement dépourvus, mais il manque souvent aux espèces parasites. Il est en général d'une forme cylindrique, quelquefois bulbeux ou renflé à sa base, plein ou fistuleux, sillonné ou lisse, nu ou couvert d'écailles, ordinairement central et droit, quelquefois excentrique ou latéral.

Le *chapeau* est la partie supérieure et principale d'un grand nombre d'agarics et de bolets; il varie singulièrement dans sa forme et dans sa consistance. Ordinairement il affecte la forme hémisphérique; quelquefois il présente celle d'un parasol, d'une soucoupe, d'un entonnoir, ou celle d'un cône arrondi, d'une mitre, d'une massue, etc. Il est charnu ou coriace, parfois mince et transparent, glabre ou velu, lisse ou parsemé de papilles produites par l'épiderme qui se soulève sous la forme d'écailles imbriquées, et qu'il importe de ne pas confondre avec les verrues ou pellicules de certaines amanites.

La partie la plus essentielle des champignons est celle qui porte les organes reproducteurs. On l'appelle membrane *sporulifère*, *séminifère* ou *hyménium*. À sa surface se trouvent les *sporules* ou semences, soit nues, soit renfermées dans de petites vessies ou utricules. Cette membrane forme, en se repliant, les tubes ou pores des bolets, les lames ou feuillets des agarics, les veines ou nervures dichotomes des chanterelles. Elle est lisse dans les clavaires, les helvelles, hérissée de pointes ou aiguillons dans les hydnes. Sa couleur, rarement la même que celle du chapeau, devient plus foncée à la maturité des graines.

DESCRIPTION

DES

CENT ESPÈCES REPRÉSENTÉES

CLAVAIRE.

Champignon ordinairement charnu et fragile, quelquefois d'une substance coriace, tantôt taillé en massue, tantôt divisé en rameaux qui s'élèvent dans une direction verticale. Point de chapeau distinct. Sporules arrondies, disséminées sur toute la surface de la plante, à l'exception du pédicule.

CLAVAIRE CORALLOIDE (Pl. 1, fig. 1).

On a donné à cette plante une foule de noms vulgaires. Ainsi on l'appelle, suivant les localités, *barbe-de-chèvre* ou *barbe-de-bouc*, *pied-de-coq*, *buisson*, *ganteline*, *tripette*, *mainotte* ou *manine jaune*, etc. Son tronc, très-épais, se divise en un grand nombre de rameaux glabres, cylindriques, pleins, fragiles, taillés en branches de corail, et dont la surface est comme ondulée. Sa couleur est d'un jaune pâle ; on en distingue plusieurs variétés ou sous-espèces, dont la couleur est tantôt flavescente ou blanchâtre, tantôt incarnat ou d'un rouge orangé. Ce champignon vient en automne dans les bois, où il s'élève à 8 ou 10 centimètres de hauteur. On le trouve dans les forêts d'Orléans, de Fontainebleau, de Saint-Germain ; dans les bois de Montmorency, de Vincennes, de Meudon, etc. Il croît également dans les bois du midi de la France ; on l'appelle *manetos* aux environs de Toulouse. En Italie, il est connu sous les noms de *dittosa*, *barba caprina*, *manine*, etc.

La chair de la clavaire coralloïde est blanche, cassante, d'une saveur agréable, d'une odeur légère de champignon ; elle fournit une nourriture très-saine et d'une digestion facile. J'en fais tous les ans une ample récolte dans les bois des environs de Versailles. Toutes les variétés de cette plante sont également usuelles et très-estimées en Allemagne, en Italie, en Suisse, dans le Brabant, etc. Leur emploi culinaire est d'autant plus sûr qu'elles n'ont aucun trait de ressemblance avec des champignons malfaisants.

Dans les pays où ces plantes croissent en abondance, on les conserve pour en faire usage pendant l'hiver. On les passe d'abord à l'eau bouillante, et, après les avoir bien essuyées, on les fait macérer dans du vinaigre.

CLAVAIRE AMÉTHYSTE (Pl. 1, fig. 2).

La clavaire améthyste est une jolie espèce qu'on trouve dans les bois et dans les bruyères, où elle se divise en rameaux plus ou moins nombreux, glabres, cylindriques, pleins, fragiles, et ordinairement unis à leur surface. Elle est entièrement de couleur lilas ou d'un violet plus ou moins intense ; mais avec l'âge elle devient brune et presque noire ; sa hauteur est de 2 à 5 centimètres.

Cette petite plante a un goût très-fin, et quelques amateurs la préfèrent aux autres espèces. Mais elle est rare, et ses formes sont si exiguës, qu'il est assez difficile d'en former un plat convenable.

HELVELLE.

Chapeau membraneux, souvent irrégulier, uni en dessus et en dessous. Utricules fixées à la face inférieure du chapeau. Pédicule lisse ou sillonné, et quelquefois simplement lacuneux.

HELVELLE EN MITRE (Pl. 1, fig. 3).

Cette espèce est fragile et transparente comme de la cire ; elle a un pédicule haut de 5 à 10 centimètres, lacuneux ou cannelé. Son chapeau est formé de plusieurs lobes réfléchis, diversement contournés, crépus et disposés en manière de mitre ou de croissant ; il est d'abord adhérent au pédicule, puis entièrement libre. La couleur de cette plante en fait distinguer trois variétés : la première est blanchâtre, la deuxième fauve, la troisième brune et quelquefois tout à fait noire. La variété blanche, qui est la plus grande, est regardée par quelques botanistes comme une espèce distincte.

On trouve ce champignon en automne, dans les taillis épais. Je l'ai observé dans les bois de Vincennes et de Meudon. Toutes les variétés sont également alimentaires ; elles sont d'un blanc de lait intérieurement, d'une texture un peu ferme, mais d'une saveur qui se rapproche de celle de la morille.

MORILLE.

Chapeau pédiculé, charnu, ovoïde, globuleux ou conique, relevé extérieurement de nervures anastomosées
qui forment des cellules polygones où les graines sont
cachées.

MORILLE COMESTIBLE (Pl. 1, fig. 4 et 5).

La morille comestible est très-reconnaissable à son
chapeau percé d'alvéoles, qui ressemblent en quelque
sorte aux rayons d'un gâteau de miel. Elle offre plusieurs
variétés qui tiennent à la forme et à la couleur du chapeau. Son pédicule est plein, quelquefois creux intérieurement, uni, épais, blanchâtre, haut d'environ 5 centimètres. Son chapeau est ordinairement ovale, parfois un
peu conique ou pyramidal, creusé de cellules polygones,
adhérent au pédicule, d'une couleur flavescente, blanchâtre ou cendrée, brune ou noirâtre suivant les variétés.

On trouve la morille comestible dans tous les bois des
environs de Paris. Lorsque la température est douce et
humide, elle commence à paraître vers la fin de mars ou
dans les premiers jours d'avril. Je l'ai souvent cueillie
dans le parc de Saint-Cloud, dans les bois de Ville-
d'Avray, de Meudon, de Vincennes. On la trouve également dans les taillis de Montmorency et de Saint-Germain. Elle abonde dans les bois de Buc, de Porchéfontaine, de Chevreuse, et dans le parc de la Cour-Roland,
non loin de Jouy. Elle se plaît au pied des ormes, des
frênes, le long des haies, dans les prés, dans les gazons.
La variété blonde se rencontre assez souvent dans les
terrains sablonneux.

Ce champignon est très-délicat et très-sain ; mais il
ne faut point le cueillir par la rosée ou immédiatement
après la pluie ; il a un goût moins fin, et ne peut se con-
server.

HYDNE.

Chapeau distinct, charnu ou coriace, pédiculé ou sessile ; membrane fructifère hérissée de pointes ou aiguillons en forme d'alène. Graines situées à l'extrémité des
pointes.

HYDNE SINUÉ (Pl. 2, fig. 2).

On trouve ce champignon en automne, dans tous les
bois des environs de Paris. Il se plaît ordinairement sur
les collines ombragées, et il s'y rassemble quelquefois
en si grand nombre, que la terre en est couverte. On le
reconnaît à son chapeau blanchâtre ou couleur de cha-
mois, large de 6 à 8 centimètres, charnu, convexe, ondulé et sinué en ses bords, uni en dessus, garni à sa
partie inférieure d'aiguillons fragiles, inégaux, d'une
teinte un peu plus foncée. Le pédicule est blanchâtre,
épais, tubéreux à sa base, et ordinairement excentrique.

C'est à tort qu'on a contesté les qualités alimentaires
de cette espèce. Sa chair est ferme, d'une blancheur permanente : lorsqu'on la mâche crue, elle est un peu poivrée, mais ce goût se dissipe par la cuisson. Comme ce
champignon est très-abondant, les pauvres villageois
pourraient en faire des provisions pour l'hiver, en le fai-
sant sécher. On en fait usage dans plusieurs de nos départements sous les noms d'*eurchon* ou *urchin*, d'*érinace*,
de *rignoche*, de *pied-de-mouton blanc* ; aux environs de
Toulouse, sous celui de *penchenille*. On l'emploie aussi
comme aliment en Autriche et dans la Belgique, où il
est assez commun, surtout dans la forêt de Soigne. En
Toscane, il figure également parmi les champignons
comestibles, sous le nom de *steccherino, o dentino dorato*.

Ainsi que quelques autres espèces d'une texture ferme,
celle-ci a besoin d'une cuisson prolongée. On la coupe par
morceaux qu'on passe à l'eau bouillante, et qu'on fait
ensuite cuire avec du saindoux, du poivre, du sel, du
persil et du bouillon.

HÉRISSON.

Champignon dénué de chapeau, rameux, tout hérissé
de pointes, à l'exception du tronc ou pédicule.

HÉRISSON TÊTE DE MÉDUSE (Pl. 2, fig. 3).

Son tronc charnu, plus ou moins épais et blanchâtre,
donne naissance à une multitude de fibrilles ou divisions
simples, allongées, pointues, d'abord verticales comme
celles des clavaires, ensuite tout à fait pendantes et ras-
semblées en touffes. Cette plante, d'un blanc de lait dans
sa jeunesse, prend avec l'âge une couleur plus foncée ou
d'un gris sale ; elle paraît à la fin de l'été, sur les vieilles
souches, sur les bois morts. On l'a cueillie dans les bois
de Versailles.

C'est une espèce usuelle en Italie, où elle est connue
sous le nom de *fungo istrice* ; on la mange rarement en
France, quoiqu'elle soit très-saine et d'un goût agréable.

TRIBU DES BOLÉTACÉES.

Champignons d'une substance charnue, coriace ou
subéreuse, munis d'un hyménium poreux formé de
tubes sporulifères. Chapeau de forme variée, pédiculé ou
sessile. Dans quelques espèces, l'hyménium est soudé
avec le chapeau, et forme avec lui un corps presque
homogène ; dans d'autres, on peut l'en détacher facilement.

HYPODRYS.

Champignon charnu à pédicule latéral. Hyménium
formé de tubes libres, cylindriques, renfermant les
sporules.

HYPODRYS HÉPATIQUE (Pl. 2, fig. 4).

Ce champignon, nommé *hypodrys* parce qu'il croît au
pied des chênes, varie dans sa forme et ses dimensions ;

il est charnu, mollasse, d'un rouge brun, plus ou moins lobé, sessile, ou fixé latéralement à un pédicule très-court. Sa face supérieure est d'abord parsemée de papilles, qui, vues à la loupe, se présentent sous la forme de rosettes pédicellées, et disparaissent avec l'âge. Les tubes qui recouvrent la face intérieure sont grêles, inégaux, séparés les uns des autres, blancs, puis jaunâtres et comme frangés à leur orifice ; ils répandent une grande quantité de sporules rousses.

On trouve l'hypodrys hépatique sur les vieilles souches, le plus souvent au pied des vieux chênes. Il est commun dans la forêt de Saint-Germain, non loin de Poissy, où je l'ai observé, plusieurs années de suite, vers la fin de septembre. Je l'ai également récolté dans les bois de Marly et de Vaucresson. On le désigne en France sous les noms de *foie-de-bœuf, langue-de-bœuf, glu de chêne*. Sa substance est épaisse, veinée, rougeâtre, d'un goût un peu acide, sans odeur déterminée ; elle ressemble à la chair fraîche des animaux ou à la pulpe de betterave cuite.

Par son volume et sa saveur agréable, ce champignon doit être mis au nombre des espèces alimentaires les plus utiles. Un seul individu peut fournir amplement de quoi faire un bon repas ; toutefois on recherche de préférence ceux qui ne sont pas trop développés, comme plus tendres et d'une digestion plus facile.

POLYPORE.

Chapeau sessile ou pédiculé, latéral ou central, parfois multiplié et rameux. Tubes réunis et soudés avec la substance du chapeau.

POLYPORE LUISANT (Pl. 2, fig. 1).

Dans son premier développement, qui commence en été, il a la forme d'une petite massue ; ensuite il prend celle d'une cuiller ou truelle ; plus tard son chapeau devient horizontal, uniforme, luisant, comme glacé de vernis, rougeâtre ou couleur marron, et marqué sur les bords de zones parallèles. Sa face inférieure est blanche, garnie de pores très-fins qui prennent en vieillissant une teinte ferrugineuse. Le pédicule est latéral, lisse, bombé, brunâtre, sensiblement aminci à sa base, haut de 5 à 15 centimètres.

On rencontre ce champignon en été et en automne, dans les bois, auprès des vieilles souches. Je l'ai cueilli plusieurs fois à Vincennes et à Meudon. Il est d'abord d'une substance molle, visqueuse ; mais il devient ensuite coriace, très-dur et comme subéreux. On doit le ranger parmi les espèces suspectes.

BOLET.

Chapeau charnu, convexe, arrondi, pédiculé. Tubes ordinairement cylindriques, anguleux, sporulifères, réunis, faciles à détacher de la substance charnue du chapeau. Pédicule lisse, quelquefois écailleux ou pourvu d'un anneau.

BOLET BRONZÉ (Pl. 3, fig. 1, 2 et 3 ; Pl. 4, fig. 1).

Dans nos provinces méridionales, on appelle cette espèce *cep noir* ou *cep bronzé*. Elle présente un chapeau arrondi, convexe, fort épais, un peu ondulé en ses bords, large de 8 à 16 centimètres, d'une couleur fuligineuse ou d'un brun noirâtre, avec une légère teinte de rouge qui lui donne un aspect velouté. Sa chair est faible, très-blanche, un peu vineuse vers la peau. Les tubes sont très-fins, d'un blanc de lait ou d'un jaune de soufre. Le pédicule est tantôt cylindrique ou d'une grosseur à peu près égale dans toute son étendue, tantôt renflé à sa base, d'un blanc jaunâtre, brun ou fauve, et plus ou moins réticulé.

Ce champignon n'est pas à beaucoup près aussi abondant dans les bois des environs de Paris que le bolet comestible : on l'y rencontre néanmoins depuis le mois de juillet jusqu'au mois d'octobre, surtout dans les bois de Marly, de Vaucresson, de Sainte-Geneviève, de Chevreuse, de Rambouillet, de Montfermeil, etc. Il croît également dans le nord et dans la partie tempérée de l'Europe. La variété à tubes blancs est assez commune en Pologne, aux environs de Varsovie ; la variété à tubes jaunes, en Gascogne, aux environs d'Auch.

La première variété se trouve aussi dans la forêt de Loches (Indre-et-Loire), dans les bois des Basses-Pyrénées, de la Gironde, du Cantal, de l'Aveyron et du Tarn.

Elle est remarquable par ses tubes réguliers, nombreux, par ses pores d'un blanc mat, par son pédicule très-épais, cylindrique, haut de 10 à 16 centimètres, d'un blanc fauve, plus ou moins sillonné de stries longitudinales d'une teinte plus foncée. Quelquefois ce pédicule prend la forme d'une toupie ou d'un gros oignon ; et il est si court, que le chapeau qui le couvre touche presque à terre.

Quelques auteurs trouvent le cep bronzé plus délicat que le cep ordinaire (*Boletus edulis*). Il cache sous sa robe enfumée une chair ferme, appétissante, d'un blanc de neige, d'un parfum suave.

BOLET COMESTIBLE (Pl. 4, fig. 2 ; Pl. 5, fig. 1, 2 et 3).

On reconnaît aisément cette excellente espèce à son chapeau plus ou moins large, convexe, un peu ondulé sur les bords, d'une couleur fauve, quelquefois d'un rouge de brique, quelquefois blanchâtre ou plus ou moins brun. Sa substance intérieure est ferme, d'un beau blanc que le contact de l'air n'altère point. Ses tubes sont réguliers, très-fins, d'abord blancs, ensuite jaunes ou d'une teinte olivâtre. Le pédicule est épais, tubéreux et plus ou moins renflé à sa base, quelquefois très-élevé, quelquefois très-court, légèrement réticulé, blanchâtre ou fauve, souvent atteint par les limaces, ainsi que le chapeau.

Ce champignon croît abondamment, en été et en automne, dans les bois et les lieux couverts. Lorsque le printemps est chaud et pluvieux, on le rencontre aussi en mai et en juin ; mais il est moins ferme et moins sapide que lorsque la saison est plus avancée. Il varie singulièrement dans sa couleur et ses dimensions. On en trouve dont le chapeau est d'un roux tendre, de couleur noisette ou presque blanchâtre. D'autres sont d'un bistre rougeâtre, ou bien d'une couleur brune et comme enfumée. Il en est dont le pédicule est si court, qu'on aperçoit à peine le champignon à travers la mousse ou les feuilles sèches, tandis que d'autres s'élèvent à la hauteur de 20 centimètres, et même plus, au milieu des bruyères. J'en ai cueilli dans la forêt de Rambouillet, dont le chapeau avait près de 30 centimètres de diamètre, et la tige 27 centimètres de hauteur.

D'après cette différence dans l'élévation du pédicule, dans la couleur et l'étendue du chapeau, on a cru devoir admettre cinq ou six espèces distinctes; mais, suivant nous, ce sont autant de variétés qu'il faut ramener à l'espèce principale, qui est le *Boletus edulis*.

Cette espèce est européenne, et toutes ses variétés sont délicieuses. La pulpe en est fine, délicate, d'un parfum agréable, d'une blancheur permanente, surtout dans les jeunes individus, qu'on doit toujours préférer. On la désigne dans nos provinces sous les noms de *cep*, de *gyrole*, de *bruguet*, de *potiron ;* en Italie, sous les noms de *porcino*, de *ceppatello buono*. Les bœufs, les moutons, les porcs, les cerfs, les chevreuils, la recherchent avec avidité.

On fait une grande consommation du bolet comestible dans le midi de la France, principalement à Bordeaux et et à Bayonne. Dans la Lorraine, on le mange sous le nom de *champignon polonais*.

Les meilleurs ceps croissent sur les coteaux boisés, dans les taillis plantés de châtaigniers et de chênes, dans les bruyères, au bord des prés montueux et un peu ombragés. On en trouve d'excellents sous les beaux châtaigniers des Cévennes. Dans le Midi, la première récolte se fait dans le mois de mai; ils sont alors d'une couleur fauve. Ceux qui viennent en juillet, août et septembre, ont en général la robe plus foncée, plus brune et un goût plus agréable. On en rencontre aussi en novembre et en décembre, lorsque la température n'est pas trop froide, mais la chair en est moins épaisse et moins savoureuse. Ces champignons, dont la qualité nutritive et salubre ne saurait être contestée, offrent une précieuse ressource aux habitants des campagnes. Ils sont quelquefois si volumineux, qu'un ou deux suffisent pour le repas de plusieurs personnes.

Il n'y a pas encore longtemps que les ceps étaient peu estimés aux environs de Paris, où l'on ne mangeait guère que les morilles et le champignon de couche.

Ils deviennent plus rares aux environs de Paris et de Versailles, parce que les amateurs s'y sont multipliés d'une manière étonnante. Dans d'autres pays, le déboisement des coteaux les a presque anéantis, et il faut parcourir tout un canton pour s'en procurer un plat.

Lorsqu'on les cueille pour l'usage culinaire, il est essentiel de les examiner avec le plus grand soin, car on court le risque de s'empoisonner si on les confond avec les faux ceps, et surtout avec une espèce particulière qui porte un chapeau à peu près de la même couleur, mais dont les pores sont rougeâtres. Nous avons donné à celle-ci le nom de *bolet pernicieux ;* il en sera bientôt question. Il est encore quelques espèces malfaisantes qui peuvent donner lieu à de graves méprises ; car elles ont, ainsi que le bolet comestible, un chapeau plus ou moins fauve et des tubes jaunâtres; mais elles en diffèrent singulièrement par le goût, le parfum et la couleur de leur substance intérieure. Il faut absolument rejeter tous les bolets dont la chair est grenue, d'une odeur et d'un goût désagréables, d'une couleur grisâtre, ou dont la pulpe, d'abord blanche quand on l'entame, se colore bientôt après en vert, en bleu ou en brun ; ceux qui ont un pédicule grêle, allongé, rougeâtre ou marqué de stries pourpres, le dessus du chapeau d'un gris verdâtre, comme marbré, la chair molle, spongieuse, d'une odeur de soufre; enfin, ceux qui, au lieu de se ramollir, se durcissent et deviennent coriaces par la cuisson.

BOLET MARBRÉ (Pl. 6, fig. 1 et 2).

Cette belle espèce ne vient pas dans les bois des environs de Paris. Elle n'a été ni figurée ni décrite dans aucun ouvrage. Nous ne pensons pas qu'on puisse la rapporter comme variété à l'espèce suivante, bien qu'elle soit pourvue comme elle de pores d'un rouge de sang. Son chapeau est charnu, très-épais, un peu voûté, large d'environ 10 centimètres, d'un fauve clair, légèrement nuancé de rose, comme marbré au sommet, blanchâtre sur les bords, doublé de tubes étroits, allongés, d'un rouge intense à leur orifice. La tige est très-forte, cylindrique, haute de 8 à 10 centimètres et d'un rouge de carmin.

On trouve ce bolet, en automne, dans nos provinces méridionales. M. Bordes l'a récolté et peint dans la forêt de Verneuil (Indre-et-Loire). Sa chair est épaisse, un peu spongieuse, blanchâtre; mais elle brunit aussitôt qu'on l'entame, surtout dans la partie qui avoisine le pédicule. On range ce champignon parmi les faux ceps, et ce n'est pas sans raison qu'on en redoute l'usage.

BOLET PERNICIEUX (Pl. 7, fig. 1, 2, 3).

Cette espèce justifie parfaitement son nom par son aspect et sa qualité délétère. Elle porte le plus souvent un chapeau très-ample, creusé en voûte, épais, d'une couleur brune ou fauve, quelquefois d'un gris olivâtre ou d'un jaune livide. Les tubes sont allongés, égaux, jaunes intérieurement, d'un rouge de sang à leur orifice, quelquefois d'un rouge brun ou couleur de brique pilée, et quelquefois aussi d'une teinte jaunâtre. Le pédicule, ordinairement épais, renflé à sa base, est quelquefois aminci, haut de 10 à 13 centimètres, jaune, rougeâtre, ou marqué dans toute sa longueur de stries de couleur amarante, filandreux, spongieux, jaunâtre intérieurement.

On rencontre fréquemment ce champignon dans tous les bois. Il varie dans ses dimensions et dans la nuance du chapeau. Les deux variétés les plus remarquables ont les pores d'un rouge vineux ou d'un jaune rougeâtre ; elles sont très-communes, en été et en automne, dans les bruyères, dans les allées et au bord des bois. Nous les avons souvent observées à côté du bolet comestible, sur les gazons du parc de Saint-Cloud, dans les bois de Ville-d'Avray, de Meudon, de Verrières, etc. Il est d'autant plus essentiel de signaler ce rapprochement, qu'on pourrait confondre ces espèces dont les qualités sont si différentes.

Le bolet pernicieux a du reste un caractère qui lui est propre, et qui annonce en général des qualités suspectes. La chair du chapeau est molle, visqueuse, naturellement jaune ; mais aussitôt qu'on l'entame ou qu'on la froisse, elle prend, ainsi que les tubes et le pédicule, une teinte grisâtre, verte, bleue, brune ou d'un noir de fumée. Elle exhale d'ailleurs une odeur forte, nauséeuse, analogue à celle du foie de soufre, et elle contient un principe résineux très-délétère. Dans quelques localités, on désigne ce bolet et ses variétés sous le nom de *faux ceps*, et l'on se donne bien de garde d'en faire usage.

BOLET POIVRÉ (Pl. 7, fig. 4).

Son pédicule est jaune, cylindrique, peu épais, haut de 5 à 8 centimètres ; son chapeau, orbiculaire, plan, un peu visqueux, d'un jaune plus ou moins foncé, quelquefois d'une teinte fauve. Les tubes, assez grands, d'une couleur rougeâtre ou ferrugineuse, surtout à leur orifice, s'avancent jusque sur le pédicule. La chair du chapeau est ferme, d'un jaune de soufre, un peu rougeâtre près des tubes ; elle ne change point de couleur quand on l'incise, mais elle est d'une saveur âcre, poivrée.

Ce champignon est assez rare ; on le trouve cependant, en automne, dans les bois des environs de Versailles, dans la forêt de Montmorency, etc. Il croît aussi dans nos départements méridionaux. On l'a observé aux environs d'Agen et dans le département de Maine-et-Loire. Un fragment de la grosseur d'une noix, que j'ai avalé cru et mêlé avec un peu de pain, m'a causé une heure après une sensation douloureuse à l'épigastre ; mais elle s'est dissipée peu à peu sans autre accident.

BOLET AZURÉ (Pl. 8, fig. 1 et 2).

Ce bolet a un pédicule haut de 5 à 8 centimètres, d'un gris jaunâtre, épais à sa base, plus mince, comme étranglé et blanc à sa partie supérieure. Son chapeau est charnu, convexe, orbiculaire, large de 8 à 10 centimètres, de la même couleur que le pédicule. Les tubes, d'un blanc pur à leur naissance, deviennent d'un blanc grisâtre en vieillissant. Sa chair est épaisse, ferme, blanche ; mais elle se teint d'un bleu d'azur aussitôt qu'on l'entame.

On la trouve, en août et septembre, dans les bois de Marly, de la Malmaison, de Vésinay, etc.

En général, on attribue des qualités vénéneuses à tous les champignons qui changent de couleur lorsqu'on brise leur tissu. Ce motif de réprobation ne repose peut-être pas sur des faits rigoureux et authentiques ; mais ce qu'on ne saurait contester, c'est que quelques espèces très-délétères ne conservent point leurs nuances primitives, tandis que les champignons les plus salubres, tels que ceux de couche ou des prairies, les mousserons, les oronges, les ceps, ont une pulpe qui se distingue par une blancheur permanente. Ainsi il est prudent de ranger le bolet azuré parmi les espèces d'une qualité suspecte.

BOLET BLANCHÂTRE (Pl. 8, fig. 3).

Cette espèce se colore également en bleu aussitôt qu'on incise sa substance ; mais elle diffère du bolet azuré par ses tubes d'un jaune-serin ou paille. Son pédicule est blanchâtre, cylindrique, un peu ventru à la base, plus mince et teint de jaune au sommet, haut d'environ 8 centimètres ; il porte un chapeau voûté, d'un blanc grisâtre ou cendré, doublé de tubes fins, presque tous égaux, et d'un jaune plus ou moins prononcé.

Sa chair, naturellement blanche, prend une couleur bleuâtre aussitôt qu'on la froisse, surtout vers la partie voisine du pédicule ; mais cette couleur disparaît peu à peu au bout de quelques minutes. Elle est d'un goût douceâtre, d'une odeur peu marquée ; nous n'en conseillons pas l'usage culinaire.

Nous avons trouvé ce champignon, vers la fin d'août, dans le parc de Saint-Cloud et dans le bois de Vésinay. Il ne faut pas le confondre avec le *Polyporus ovinus* ou *Boletus albinus* de Persoon, dont nous avons déjà tracé les caractères.

BOLET CHRYSENTÈRE (Pl. 8, fig. 4).

Cette espèce varie beaucoup dans sa forme, sa couleur et ses dimensions. Son pédicule est cylindrique, fibreux, grêle ou épais, aminci ou renflé à sa base, d'une couleur jaune ou rougeâtre, quelquefois parsemé de lignes purpurines disposées en réseau. Son chapeau est arrondi, convexe, tomenteux ou glabre, tantôt fauve, tantôt d'un rouge brun ; sa surface avec l'âge se fend quelquefois en aréoles polygones, ce qui lui donne un aspect singulier. Les tubes sont d'un beau jaune, larges, irréguliers, très-faciles à détacher de la substance charnue, qui est mollasse, jaune, et prend une teinte grisâtre, verdâtre ou bleuâtre lorsqu'on l'entame. Quelquefois aussi ce changement de couleur n'a point lieu, ou du moins il est peu sensible.

Tous les bois des environs de Paris produisent abondamment le bolet chrysentère, depuis le mois de juillet jusqu'au mois d'octobre. On le trouve aussi dans nos départements méridionaux, où il acquiert de plus fortes dimensions ; ses tubes jaunes, très-dilatés, et sa tige, ordinairement grêle, plus ou moins rougeâtre, ou de couleur lie de vin, le font distinguer aisément des véritables ceps.

Bien qu'il figure parmi les espèces comestibles dans quelques traités sur les champignons, nous pensons qu'il est plus prudent de n'en pas faire usage ; d'ailleurs il n'a rien d'agréable au goût, et nous ne saurions assez le redire, on doit rejeter toutes les espèces de bolets dont la substance ne conserve point sa couleur primitive. Récoltées pour les véritables ceps, avec qui elles ont d'ailleurs quelques traits de ressemblance, elles donnent lieu à de nombreux empoisonnements dans les campagnes.

BOLET RUDE (Pl. 9, fig. 1).

Cette espèce est très-commune dans tous les bois, en été et en automne. On la reconnaît à son pédicule hérissé de petites aspérités ou écailles noirâtres, haut de 12 à 15 centimètres, plein, cylindrique, un peu renflé à sa base, aminci à sa partie supérieure. Son chapeau est charnu, hémisphérique, large de 6 à 8 centimètres, tantôt d'une couleur cendrée ou d'un jaune terne, tantôt brunâtre ou fuligineux. Ses tubes sont allongés, ordinairement blancs ou d'un gris de perle, quelquefois roussâtres. Sa chair est blanche, un peu molle, d'une odeur de champignon et d'un goût légèrement acide.

On peut en toute sûreté faire usage de ce champignon, surtout lorsqu'il est jeune et dans son premier développement. J'en mange tous les ans une assez grande quantité, mais je n'y trouve ni le goût ni le parfum des véritables ceps.

BOLET ORANGÉ (Pl. 9, fig. 1 et 2).

Ce beau champignon se montre en automne sur la lisière des bois ou dans les bruyères. Il croît abondamment dans les bois de Sainte-Geneviève, de Meudon, de Gonart, de Satory, de Ville-d'Avray, etc. Il est très-reconnaissable à son chapeau orbiculaire, bombé, ordinairement très-ample, couleur orangée ou fauve, quelquefois d'un rouge brun ou d'un roux très-tendre, doublé de tubes allongés, très-fins, d'un blanc mat ou de couleur paille à leur orifice ; à son pédicule élevé, blanchâtre, couvert de petites écailles rousses, quelquefois très-épais, quelquefois renflé au milieu ou d'une grosseur égale, excepté au sommet, où il est un peu plus mince.

On lui donne vulgairement les noms de *roussile*, *gyrole rouge*, etc. Sa chair est blanche, parfois d'une teinte rosée, un peu visqueuse, surtout après les grandes pluies. Au reste, il n'a rien de malfaisant et, malgré le témoignage défavorable de Bulliard, on peut le manger sans crainte, ainsi que l'espèce précédente, ayant soin d'employer de préférence les jeunes individus dont la substance est plus ferme et plus savoureuse. Paulet dit lui avoir trouvé un goût d'oronge. Lorsque les ceps sont rares, j'en fais également usage ; mais quelle différence entre la délicieuse oronge et ce champignon d'une qualité assez médiocre !

TRIBU DES AGARICÉES.

Champignons pourvus d'un chapeau ordinairement pédiculé, charnu, rarement subéreux. Hyménium situé à la partie inférieure du chapeau, formé de lames ou feuillets rayonnants. Sporules petites, globuleuses, disposées dans des utricules linéaires.

CHANTERELLE.

Chapeau charnu ou membraneux, relevé en dessous par des plis ou nervures ordinairement bifides, rameuses vers le sommet. Sporules blanches, arrondies, s'échappant de toute la partie inférieure du chapeau.

CHANTERELLE COMESTIBLE (Pl. 10, fig. 1 et 2).

C'est un joli champignon tout rouge ou couleur d'or, qui croît abondamment dans nos bois, où il se fait remarquer par un petit chapeau d'abord arrondi et convexe, et qui prend ensuite, en se développant, la forme d'un petit entonnoir dont les bords sont diversement contournés, et comme frisés ou festonnés. La face inférieure de ce chapeau est marquée de nervures une ou deux fois bifurquées, et décurrentes sur un pédicule ordinairement court, plein et charnu.

La chanterelle comestible se plaît dans les lieux frais et ombragés ; on la rencontre à chaque pas dans les taillis de Meudon, de Ville-d'Avray, de Saint-Germain, de Montmorency, d'Écouen, etc., où elle se montre depuis le mois de juin jusqu'au mois d'octobre ; elle paraît même un peu plus tôt lorsque la température est douce et humide. Son usage, répandu dans toutes les provinces, lui a valu une foule de noms vulgaires, tels que ceux de *bérille*, *gyrole*, *cheveline*, *chevrette*, *gingoule*, *jaunelet*, *girandet*, *escraville*, *mousseline*, *cassine*, *gallinace*, *crête-de-coq*, *oreille-de-lièvre*, etc. Dans quelques départements du Midi, on l'appelle *cabrillo* ou *scarabillo*. En Allemagne, elle porte le nom de *Pfifferling*.

Peu de champignons offrent autant de sécurité que la chanterelle ; elle est si reconnaissable à son chapeau plus ou moins jaune et singulièrement contourné, qu'il est impossible de la confondre avec d'autres plantes d'une nature vénéneuse. Sa chair est d'ailleurs blanche, cassante, d'une odeur légère de champignon, et d'un goût piquant, mais agréable. Nous avons signalé, tant à Paris qu'en province, les qualités salubres de ce champignon, et c'est aujourd'hui un aliment très-recherché dans plusieurs campagnes.

AGARIC.

Feuillets minces, sporulifères, fixés à la face inférieure du chapeau, rayonnant du centre à la circonférence, ordinairement simples et alternativement plus courts. Chapeau quelquefois recouvert d'un volva à la naissance du champignon.

§ 1. — **Pleurope.**

Pédicule nul, latéral ou excentrique. Feuillets ordinairement inégaux.

AGARIC STYPTIQUE (Pl. 10, fig. 5).

Cet agaric, de couleur jaunâtre ou fauve, a un pédicule latéral, plein, un peu comprimé, long de 13 à 18 millimètres, élargi au sommet et continu avec le chapeau ; celui-ci est réniforme, quelquefois lobé avec les bords roulés en dessous. Les lames sont minces, étroites, simples, d'une nuance à peu près semblable à celle du chapeau auquel elles viennent se fixer en rayonnant.

On le trouve dans les bois, en automne et en hiver, sur les vieilles souches et sur les troncs de chênes, où il croît par groupes.

La texture de ce champignon est molle, coriace, d'une saveur âcre. Lorsqu'on le mâche, il produit bientôt après une forte striction à la gorge. Ce seul caractère indique une qualité vénéneuse.

§ 2. — **Russule.**

Chapeau charnu, ordinairement comprimé. Feuillets égaux ou presque égaux, quelquefois fourchus et entremêlés de feuillets plus courts.

AGARIC ALUTACÉ (Pl. 10, fig. 3).

Cet agaric a un chapeau large, charnu, d'abord convexe, ensuite plan et légèrement déprimé, rouge, un peu tuberculeux, sillonné sur les bords dans son entier développement ; sa surface est sèche et se détache facilement de la chair. Les lames sont larges, luisantes, d'un jaune de peau ou d'une couleur ocracée, ainsi que les sporules. Le pédicule est blanc, glabre, ordinairement allongé. Dans une variété décrite par Persoon sous le nom d'*A. campanulatus*, et qui est peut-être une espèce distincte, le chapeau est campanulé, de couleur rose, doublé de lames jaunâtres.

Ces deux espèces ou variétés croissent, en été et en automne, dans les forêts, parmi les gazons. Elles ont une chair douce et savoureuse dont on peut faire usage sans nul inconvénient ; mais il faut bien se garder de les confondre avec l'agaric émétique ou avec l'agaric sanguin, champignons très-âcres et vénéneux. Pour éviter une méprise qui pourrait avoir des suites funestes, il suffira d'examiner attentivement les feuillets, qui sont constamment blancs dans ceux-ci, plus ou moins jaunes dans les espèces que nous venons de décrire.

AGARIC SAPIDE (Pl. 10, fig. 4).

Cette espèce est très-reconnaissable à son chapeau large de 8 à 10 centimètres, convexe, puis légèrement déprimé, rougeâtre à son disque, grisâtre ou cendré à ses bords, lisse, doublé de lames épaisses, larges et fla-

vescentes. Le pédicule est blanchâtre, cylindrique, haut de 8 à 10 centimètres.

On trouve ordinairement cet agaric dans les bois de hêtres. Ainsi que les espèces précédentes, il est d'une saveur agréable.

On mange en Allemagne deux autres russules, d'une assez grande dimension, qui sont peu connues en France. L'une est l'*Agaricus esculentus* de Persoon, l'autre l'*Agaricus aureus* du même auteur. La première, d'une consistance sèche et fragile, a un pédicule jaunâtre, un chapeau rouge et des feuillets luisants, d'un jaune foncé. La seconde, qui est moins grande, porte un chapeau d'un jaune fauve, doublé de lames épaisses à peu près de la même couleur. Sa substance est d'un beau jaune et d'un goût assez agréable.

AGARIC ÉMÉTIQUE (Pl. 11, fig. 1-5).

Toutes ces variétés, qui sont peut-être autant d'espèces distinctes, ont du moins un caractère identique quant à leurs propriétés ; elles sont plus ou moins âcres. Elles diffèrent par la couleur du chapeau, qui est d'un rouge de sang, d'un rose tendre ou blanchâtre ; quelquefois pourpre ou violet, couleur de lilas ou d'un gris mêlé de rose ; quelquefois jaunâtre ou fauve. Le pédicule est blanc, cylindrique, plein, haut de 2 à 5 centimètres. Le chapeau est bombé en naissant, ensuite plan, et enfin plus ou moins déprimé au centre, avec les bords sillonnés d'une manière sensible. Les lames sont toujours blanches, simples, presque égales, mêlées à quelques autres de moindre longueur.

On rencontre fréquemment ces plantes dans tous les bois, en été et au commencement de l'automne ; elles se plaisent dans les lieux frais et couverts.

Lorsqu'on les mâche crues, elles impriment à toutes les parties de la bouche une sensation brûlante qui persiste pendant quelque temps, mais qu'on dissipe bientôt en se gargarisant avec de l'eau fraîche.

On ne saurait trop se défier des champignons que renferme le groupe des russules. Pour ne pas confondre des espèces dont les qualités sont si différentes, il faut examiner avec soin la face inférieure du chapeau, ainsi que nous l'avons déjà recommandé. Les bonnes espèces ont des feuillets jaunes et tous égaux ; ceux des espèces malfaisantes sont blancs et d'une longueur inégale. Et puis ces dernières, telles que l'agaric émétique et ses variétés, diffèrent singulièrement par la saveur, qui est âcre et brûlante, tandis que l'agaric sapide et l'agaric alutacé ont un goût agréable de champignon.

AGARIC SANGUIN (Pl. 12, fig. 1).

Ce beau champignon se fait remarquer par son chapeau d'un rouge cramoisi ou couleur de sang, d'abord convexe, ensuite aplati ou déprimé au centre, avec les bords un peu déjetés et non striés. Les feuillets sont blancs, nombreux, bifides, quelquefois trifides, un peu décurrents sur le pédicule, qui est lui-même blanc, épais, cylindrique, souvent marqué de stries roses; en vieillissant, il devient creux, spongieux et friable.

Il croît solitaire dans les bois, vers le mois d'août. On le trouve ordinairement au pied des grands arbres. Sa chair est blanche, d'une âcreté brûlante, et néanmoins assez souvent rongée des vers.

Cet agaric est peut-être plus malfaisant que l'agaric émétique, avec lequel il a d'ailleurs quelque ressemblance. Ainsi il demande également à être examiné avec attention pour ne pas être confondu avec quelques espèces comestibles de la section des russules. La couleur et la disposition des feuillets ne sont point les mêmes, le point essentiel est de les comparer.

AGARIC FOURCHU (Pl. 12, fig. 2).

On reconnaît cette espèce à ses lames blanches, épaisses, rares, presque toutes bifurquées vers la moitié ou les deux tiers de leur longueur, et adhérentes au pédicule; à son chapeau d'un vert terne, farineux et comme moisi, large de 8 à 10 centimètres, d'abord plan, ensuite déprimé vers le centre, avec les bords un peu recourbés en dessous. Le pédicule est blanc, épais, cylindrique, long d'environ 5 centimètres, d'abord plein, puis creux ou spongieux.

On trouve ce champignon, en juin et juillet, dans les bois un peu arides; sa chair est blanche, friable, d'une odeur nauséabonde, d'une saveur amère et salée. Il passe pour vénéneux.

AGARIC VERDOYANT (Pl. 12, fig. 3 et 4).

Cet excellent champignon a un chapeau charnu, convexe, un peu déprimé, large de 5 à 10 centimètres, verdâtre, d'une teinte plus foncée à son disque, quelquefois d'un vert blanchâtre sur les bords où l'empreinte des feuillets est marquée. Sa surface est sèche, un peu ridée, et comme aréolée ou fendillée. Les lames sont blanches, épaisses, peu nombreuses, quelquefois bifurquées. Le pédicule est blanc, plein, épais, et n'a guère que 4 à 5 centimètres de longueur.

Il varie dans sa couleur et ses dimensions. Le chapeau est quelquefois très-étendu, quelquefois très-petit, tantôt verdoyant ou de couleur d'oxyde de cuivre, tantôt d'un vert moins prononcé et presque blanchâtre, ou d'un vert mêlé de jaune. On en voit dont la surface est rugueuse, marquée de lignes qui se croisent en divers sens et forment de petits polygones irréguliers.

On rencontre fréquemment cette espèce, en été, dans les bois de Vincennes, de Ville-d'Avray, de Meudon, de Verrières, de Gonart, de Satory, de Saint-Cyr, etc. Sa chair est très-blanche, ferme, d'une odeur légère de champignon, et d'une saveur douce qui invite à en faire usage.

J'ai fait connaître dans plusieurs campagnes des environs de Paris les bonnes qualités de ce champignon,

qu'on rejetait à cause de sa couleur verdâtre, et quelques amateurs le préfèrent maintenant à l'agaric de couche. Il est généralement employé dans le midi de la France sous le nom de *verdette*. Dans le haut Languedoc, où il est très-commun, on le fait cuire sur le gril avec des fines herbes et de l'huile. Il ressemble beaucoup à l'agaric *palomet* qu'on mange dans le Béarn et dans le département des Landes. Toutefois il faut bien le distinguer de l'agaric fourchu, qui est d'un usage suspect, et qui a également un chapeau verdâtre; mais ce chapeau est farineux ou écailleux à sa superficie.

Ceux qui ne connaissent qu'imparfaitement les champignons pourraient également le confondre avec l'amanite verte ou l'amanite bulbeuse (voyez plus bas la section des amanites); mais ces deux dernières espèces sont pourvues d'un volva et d'une collerette; elles exhalent d'ailleurs une odeur nauséabonde qui annonce leur mauvaise qualité.

Lorsque nous recommandons l'emploi culinaire d'un champignon peu connu, ce n'est qu'après l'avoir fréquemment éprouvé sur nous-même; car le seul témoignage des auteurs, quelque respectable qu'il soit, ne saurait nous suffire. On peut donc faire usage de l'agaric verdoyant avec une entière confiance. Nous allons tous les ans le cueillir dans les taillis un peu découverts de Gonart, de Villebon, de Velizy.

§ 3. — Lactaire.

Pédicule central. Chapeau charnu, souvent comprimé, ombiliqué. Feuillets inégaux. Suc laiteux, blanc, jaune ou rougeâtre.

AGARIC POIVRÉ (Pl. 13, fig. 1 et 2).

Ce champignon a un chapeau glabre, convexe, un peu déprimé au centre, ondulé et sinué en ses bords, et d'un blanc de neige dans le premier âge. Peu à peu ce chapeau s'étend, se creuse en entonnoir, devient quelquefois très-ample, et prend enfin une teinte un peu jaunâtre. Les feuillets sont ordinairement très-nombreux, inégaux, souvent fourchus, d'abord blancs, ensuite de couleur paille. Le pédicule est blanc, charnu, plein, cylindrique, haut d'environ 5 centimètres.

On le trouve, en été et en automne, dans tous les bois des environs de Paris. Il abonde dans la forêt d'Orléans, où il est connu sous le nom de *chavanes*, et dans les Vosges, où on l'appelle *cauburon*, vache blanche. Il croît également en Italie, où il porte le nom de *peveraccio, o peperone;* en Allemagne, où il est désigné sous celui de *Pfefferschwamm.* On le rencontre rarement seul : un grand nombre d'individus sont ordinairement dispersés çà et là dans les lieux les plus sombres des bois.

La variété appelée par Bulliard *lamellis roseis* se distingue par ses lames de couleur rosée, par son chapeau plus aplati, et dont les bords sont légèrement tomenteux. On la trouve dans les bois et sur les pelouses; elle est connue dans quelques localités sous le nom de *lathyron* ou *roussette*.

L'agaric poivré a une chair blanche, poivrée; toutes ses parties contiennent un lait visqueux, abondant et très-âcre, qui coule par gouttes aussitôt qu'on les blesse. J'ai eu occasion d'éprouver sur moi-même son action irritante.

J'ai dégusté plusieurs fois ce champignon cru, et les mêmes effets se sont renouvelés. Plenck nous dit qu'il irrite vivement les tuniques de l'estomac, provoque la cardialgie, et peut même donner la mort. Enhardi par l'exemple de Paulet, je l'ai pourtant mangé cuit sur le gril, avec de l'huile, du poivre et du sel. Il m'a paru moins délicat que les autres champignons; mais, du reste, la digestion s'est faite sans le moindre embarras.

Il est constant que la cuisson et un assaisonnement convenable détruisent son âcreté, puisqu'on le mange en Allemagne, en Pologne, en Russie et même en France. Dans certains pays, on le fait sécher après l'avoir coupé par tranches; ailleurs, on le conserve dans des tonneaux avec du vinaigre et du sel.

Il ne faut point confondre notre agaric poivré à suc laiteux avec l'agaric poivré de Bulliard, ou agaric fétide de la *Flore française;* celui-ci n'a point de lait, et appartient au groupe des russules.

AGARIC MEURTRIER (Pl. 13, fig. 3 et 4).

On reconnaît ce champignon à son chapeau incarnat ou couleur de rouille, d'abord arrondi, convexe, ensuite semi-orbiculaire, large de 8 à 10 centimètres, ordinairement zoné, pelucheux, surtout sur les bords, qui sont très-velus, comme frangés et un peu roulés en dessous. La peluche qui couvre le chapeau est blanchâtre à sa marge, d'une nuance plus foncée ou rougeâtre à son disque. Les feuillets sont inégaux, blancs, d'un jaune pâle ou roux, empreints, ainsi que les autres parties du champignon, d'un suc laiteux blanc ou jaunâtre qui coule aussitôt qu'on les brise, et qui est d'une saveur brûlante.

Cette espèce est très-commune dans les bois humides, en été et en automne; elle est quelquefois d'un roux très-tendre, quelquefois rougeâtre ou d'un jaune ferrugineux. La peluche soyeuse et les zones concentriques du chapeau sont quelquefois peu sensibles; mais ses bords sont toujours plus ou moins velus.

AGARIC CAUSTIQUE (Pl. 13, fig. 5).

C'est un agaric d'une moyenne dimension. Son pédicule est cylindrique, plein, haut d'environ 5 centimètres, et d'un roux fauve. Son chapeau est plan, un peu creusé au centre, d'un gris bistré ou d'un jaune livide, et marqué de zones concentriques noirâtres. Les lames sont inégales, écartées, rougeâtres, un peu adhérentes au pédicule.

Il croît dans les lieux sombres des bois, en août et septembre. Le suc laiteux qu'il distille est d'abord douceâtre, puis d'une âcreté extrême. On doit le ranger parmi les espèces malfaisantes.

§ 4. — Pratelle.

Pédicule nu ou muni d'un collier. Chapeau charnu. Feuillets noircissant dans leur vieillesse sans se résoudre en eau.

AGARIC COMESTIBLE (Pl. 14, fig. 1-6).

Ce champignon, qu'on cultive sur des couches dans toute l'Europe, est très-facile à reconnaître à ses feuillets d'abord d'une couleur rosée ou d'un violet tendre, puis fuligineux, et enfin noirs dans leur vieillesse. Son chapeau est arrondi, convexe, large de 8 à 10 centimètres, d'un blanc jaunâtre, quelquefois brun, surtout au centre, et plus ou moins écailleux ou moucheté. Il est uni et d'un blanc de neige dans la variété *A. arvensis.* Les feuillets sont libres, inégaux, étroits, recouverts en naissant d'une membrane blanche, qui se déchire avec le développement du chapeau, pour former une espèce de collier au sommet du pédicule. Celui-ci est blanc, cylindrique, plein, charnu, quelquefois tubéreux à sa base, et long de 5 à 10 centimètres.

Il croît principalement en automne, dans toutes sortes de terrains, dans les bois peu couverts, dans les bruyères, les friches, les pâturages, les jardins, etc. La deuxième variété est très-commune dans les prés où l'on mène paître les chevaux. Par sa forme et sa blancheur éclatante, elle ressemble en naissant à une boule de neige; mais sa peau est si fine, si délicate, qu'elle jaunit au plus léger attouchement. Son chapeau s'aplatit, s'évase peu à peu en parasol, et devient quelquefois très-ample. J'en ai observé de 20 à 25 centimètres de diamètre dans les prairies de Jouy et de Bièvre.

On a donné à ces champignons des noms vulgaires qui varient suivant les localités. On les appelle *potirons* ou *pâturons, champignons des bruyères* ou *des prés, boule-de-neige, champignons de fumier* ou *de couche,* etc. Dans quelques départements du Midi, ils portent les noms de *pradelos, pradels* ou *pradelets;* dans le département de Maine-et-Loire, celui de *cluzeau.* Tous ces champignons sont des variétés de l'agaric comestible. Ceux qu'on cultive ont plus de chair, plus de substance; ils prennent sur la couche plus de force, et pour ainsi dire plus d'embonpoint; mais ils n'ont pas à beaucoup près la même finesse que les champignons qui croissent sur les collines ou dans les pâturages. Ceux-ci ont une chair blanche, cassante et très-parfumée.

L'agaric de couche est un champignon européen. On le cultive dans les potagers, dans les champs, dans les caves, dans les carrières.

Si l'on compare le champignon cultivé avec ceux qui croissent spontanément dans les pacages, dans les bois ou dans les champs, on verra que c'est la même espèce.

Ils sont tous munis d'un anneau et leurs feuillets ont une couleur plus ou moins rosée. Leur parfum, à peu près le même, est un peu plus fin dans le champignon des champs.

Tous ces champignons doivent être cueillis avant leur entier développement. Lorsqu'ils sont vieux, ils deviennent âcres, indigestes, et ils peuvent provoquer une irritation plus ou moins vive du canal alimentaire.

Lorsqu'on récolte ce champignon ou ses variétés, il importe de les examiner attentivement, afin de ne pas les confondre avec l'agaric bulbeux ou l'agaric printanier; ces deux champignons sont très-vénéneux, mais ils ont des lames toujours blanches, tandis qu'elles sont rosées ou violettes dans les champignons comestibles. Lorsque nous traiterons des amanites (ci-après, page 12), nous comparerons les caractères qui distinguent ces différentes espèces, de manière à rendre toute méprise impossible.

AGARIC AMER (Pl. 15, fig. 1).

Le chapeau de cet agaric est d'abord hémisphérique, ensuite plan ou légèrement concave, large d'environ 5 centimètres, peu charnu, jaune, d'une nuance plus foncée au centre. Les feuillets sont inégaux, étroits, presque libres, d'un gris verdâtre, recouverts, dans le premier développement du champignon, d'une membrane mince qui s'efface entièrement, et dont on aperçoit quelques légers vestiges au sommet du pédicule, sous la forme de peluchures noirâtres. Le pédicule est jaune, grêle, cylindrique, fibrilleux, un peu courbé, haut de 5 à 8 centimètres. On le trouve, en été et en automne, dans les bois, où il croît par touffes au pied des arbres ou sur les souches pourries. Il est âcre et d'une grande amertume; les animaux n'en sont pas d'abord affectés d'une manière sensible, mais quelque temps après ils éprouvent des étourdissements, boivent beaucoup, refusent de manger, et ne peuvent se soutenir sur leurs jambes. Les uns rejettent le champignon par le vomissement; d'autres sont malades plusieurs jours, et finissent par périr.

AGARIC DORÉ (Pl. 15, fig. 2).

Le chapeau de ce champignon est campanulé, protubérant ou mamelonné au centre, large d'environ 4 centimètres, d'un jaune doré vif ou couleur de safran, d'un gris blanchâtre et comme satiné à la marge. Les feuillets sont nombreux, inégaux, étroits, d'un vert nébuleux, presque gris, recouverts en naissant d'une membrane légère qui disparaît ensuite avec le développement du chapeau. Le pédicule est long d'environ 5 centimètres, mince, d'un jaune très-pâle ou d'un blanc argenté.

Il croît en touffes ou en faisceaux soudés par la base. On le rencontre ordinairement au pied des arbres ou sur les pelouses arides. Je l'ai observé dans les bois de Gonart et dans les taillis de Porchéfontaine. Il est aussi amer que l'espèce précédente.

§ 5. — Omphalie.

Pédicule plein ou fistuleux. Chapeau ombiliqué. Feuillets ne noircissant point avec l'âge, et presque toujours décurrents.

AGARIC AMÉTHYSTE (Pl. 15, fig. 3).

Ce joli champignon, d'un violet améthyste en naissant, devient ensuite d'un blanc grisâtre. Son chapeau est convexe, hémisphérique, légèrement déprimé au centre, comme velouté à sa surface, large d'environ 5 centimètres. Les lames sont larges, peu nombreuses, un peu décurrentes sur le pédicule, et d'un violet plus ou moins foncé. Le pédicule est grêle, allongé, plein, fibrilleux, de la même couleur que les feuillets.

Il est assez commun, en automne, dans les bois taillis, où il croît ordinairement en groupes de deux à quatre individus. Sa chair est mince, colorée en violet, peu savoureuse, mais point malfaisante. Il est très-bon cuit sur le gril, avec du beurre, du poivre et du sel.

§ 6. — Gymnope.

Pédicule plein. Chapeau charnu, ordinairement convexe, et dont les feuillets ne noircissent point avec l'âge.

AGARIC ANISÉ (Pl. 15, fig. 4).

Cet agaric exhale, surtout par un temps sec, une odeur agréable, pénétrante, analogue à celle de l'anis. Son chapeau est plan, un peu mamelonné au centre, large de 8 centimètres, d'une couleur verdâtre ou bleuâtre; sa surface est sèche et se pèle facilement. Les feuillets sont blancs, inégaux, un peu décurrents. Le pédicule est plein, cylindrique, mince, un peu élargi au sommet, long d'environ 5 centimètres, blanc ou légèrement verdâtre.

Il croît tantôt solitaire, tantôt par groupes peu nombreux, en août et septembre, dans les taillis et dans les bois de pins.

Bulliard dit qu'il a un goût très-agréable. Nous n'avons pas eu occasion d'en faire usage; mais son odeur forte et très-volatile nous fait douter un peu de ses bonnes qualités.

AGARIC NÉBULEUX (Pl. 15, fig. 5).

On trouve communément ce champignon, en automne, au bord des bois. Il croît tantôt solitaire, tantôt par groupes de deux ou trois individus, sur des amas de feuilles à moitié pourries.

Son chapeau est large de 5 à 10 centimètres, légèrement concave ou plan, mais toujours proéminent, mamelonné au centre, d'un beau gris, comme farineux à sa surface. Les feuillets sont nombreux, inégaux, à peine décurrents, blanchâtres ou d'un gris pâle. Le pédicule est long de 8 à 10 centimètres, plein, cylindrique, renflé en massue à sa base, à peu près de la couleur des lames.

Il a une chair blanche, épaisse, ferme, d'une odeur et d'une saveur qui se rapprochent de celles du champignon de couche. Je l'ai souvent cueilli dans le bois des Célestins.

AGARIC MOUSSERON (Pl. 16, fig. 1-3).

Cette espèce, si renommée par son parfum suave, et généralement connue sous le nom de *mousseron*, a été décrite par un grand nombre de botanistes, qui sont loin d'être d'accord sur ses caractères distinctifs.

Son chapeau est d'un blanc mat ou d'un jaune trèspâle, large d'environ 5 centimètres dans son parfait développement, lisse et sec à sa surface, d'abord sphérique, puis convexe, très-charnu, et ondulé sur les bords, qui sont un peu repliés en dessous. Les feuillets sont nombreux, très-étroits, presque linéaires, un peu décurrents, blancs à leur naissance, puis d'un léger incarnat. Le pédicule est plein, charnu, très-court, renflé et velu à la base, de la même couleur que le chapeau.

On rencontre ce mousseron, vers la fin du printemps, dans les prés montagneux, dans les bois, les friches, etc. Il est commun dans nos départements méridionaux, dans les Alpes, dans les Pyrénées, où son usage est très-répandu. Il croît par groupes composés d'un assez grand nombre d'individus ordinairement rassemblés en cercle. L'herbe ou la mousse au milieu de laquelle ils croissent est plus touffue, d'un vert plus foncé. Leur parfum se répand au loin et annonce leur présence. J'en ai quelquefois cueilli jusqu'à quarante épars çà et là dans le même lieu, sur les collines du haut Languedoc. On les appelle *moussairious* dans les départements de l'Hérault, du Tarn, de l'Aveyron, etc.

Ces petits champignons ont une chair blanche, épaisse, ferme, d'un goût et d'un parfum délicieux. On les conserve desséchés, et il s'en consomme à Paris une assez grande quantité sous le nom de *mousserons de Provence*. On les appelle aussi *mousserons blancs, champignons muscats*. Les meilleurs nous viennent des Bouches-du-Rhône, de l'Isère et des Pyrénées. Ceux qu'on récolte aux environs de Baréges sont extrêmement recherchés par quelques amateurs, mais ils sont rares. M. Corcellet nous a dit les avoir vendus jusqu'à 30 francs la livre.

AGARIC AROMATIQUE (Pl. 16, fig. 4 et 5).

Ce mousseron, dont aucun ouvrage n'a offert jusqu'ici la véritable figure, diffère de l'espèce précédente par son chapeau d'un fauve clair ou d'un roux tendre. Ce chapeau est un peu conique en naissant, puis arrondi, convexe, légèrement ondulé et réfléchi en ses bords, large d'environ 5 centimètres dans son parfait développement. Les lames sont blanches, inégales, à peine décurrentes. Le pédicule est blanc, court, épais, tubéreux à sa base.

Il est commun en Bourgogne. On le trouve dans les pacages, le long des haies et au bord des bois, où il vient

par groupes de six à huit individus, et quelquefois davantage.

Ces champignons se montrent ordinairement vers la fin de mai, après une douce température. Ils se cachent sous l'herbe ou dans la mousse, et sans leur parfum, qui est très-volatil, on aurait de la peine à les découvrir. On les désigne sous le nom de *mousserons de Bourgogne*. Leur chair est blanche, ferme, parfumée, et d'un goût trèsfin. On en fait un grand usage aux environs de Châtillon (Côte-d'Or).

AGARIC COULEUR DE SOUFRE (Pl. 16, fig. 6).

Cet agaric est entièrement d'un jaune de soufre. Il a un pédicule haut de 5 à 8 centimètres, plein, fibreux, cylindrique, un peu renflé vers la base; un chapeau charnu, convexe, ordinairement mamelonné au centre dans son premier développement, un peu déprimé dans sa vieillesse, large d'environ 5 centimètres. Les feuillets sont nombreux, inégaux, arqués et peu adhérents au pédicule

On le trouve fréquemment dans nos bois, en été et en automne. Il est commun aux environs de Velizy et dans le parc de Meudon. Il croît ordinairement solitaire, et il exhale une odeur nauséeuse, ce qui doit le faire ranger parmi les espèces insalubres et suspectes.

AGARIC FAUX MOUSSERON (Pl. 16, fig. 7 et 8).

Ce champignon ressemble un peu au vrai mousseron, dont il a presque le parfum. Son chapeau est d'abord hémisphérique, puis conique ou un peu mamelonné, quelquefois aplati, large d'environ 5 centimètres, et d'un jaune fauve ou d'un blanc roux. Les lames sont inégales, libres, plus colorées sur les bords. Le pédicule est cylindrique, grêle, fibreux, long de 4 centimètres; il se tord comme une corde par la dessiccation. On le rencontre, en août et septembre, dans les pâturages et au bord des bois, dans les sables, dans les landes, où il croît par petits groupes.

Suivant les localités, on le nomme *faux mousseron, mousseron pied dur, mousseron d'automne, mousseron de Dieppe ou d'Orléans*. Il est très-parfumé et d'un goût fort agréable. On l'apprête comme tous les autres mousserons.

Il vient dans tous nos bois. Nous l'avons cueilli dans la forêt de Dreux, à Rambouillet, à Saint-Germain, à Montmorency, à Chantilly, à Ermenonville, etc. Il abonde aux environs de Versailles, à Chevreuse, à Châteaufort, dans les prairies de Milon, de Saint-Lambert, de l'abbaye de Port-Royal, etc. Il est très-parfumé et d'un goût fort agréable.

§ 7. — Cortinaire.

Pédicule central. Feuillets recouverts en naissant d'une membrane incomplète, qui laisse sur le pédicule ou aux bords du chapeau un collier soyeux, arachnoïde.

AGARIC VIOLET (Pl. 17, fig. 1).

Ce beau champignon paraît avec un chapeau arrondi, dont les bords sont liés au pédicule par une membrane lâche, soyeuse, semblable à une toile d'araignée. Dans son parfait développement, ce chapeau est large de 8 à 10 centimètres, charnu, convexe, légèrement ondulé sur les bords, d'un violet pourpre, velu et comme peluché à sa surface, doublé de lames de la même couleur, épaisses, larges, distantes entre elles, et couvertes à leur maturité d'une poussière séminale de couleur ferrugineuse. Le pédicule est violet, épais, filandreux, tubéreux à sa base, tomenteux dans sa jeunesse, et muni d'un anneau fugace ou peu marqué.

On le trouve, en automne, dans les bois des environs de Versailles, parmi les feuilles sèches. Je l'ai rencontré assez souvent dans les bois de Gonart, de Ville-d'Avray, de Meudon, de Verrières, etc.

Toute sa substance est d'un blanc teint de violet, d'un goût de champignon assez agréable, mais d'une odeur un peu forte. J'en ai fait usage, et je n'hésite pas à l'inscrire parmi les espèces de bonne qualité.

AGARIC TACHÉ DE SANG (Pl. 17, fig. 2).

Ce champignon a un pédicule allongé, plein, bulbeux, d'un blanc fauve, coupé vers le milieu de sa longueur par un liséré rouge circulaire. Son chapeau est convexe ou conique en naissant, ensuite aplati, large d'environ 8 centimètres dans son développement, d'un fauve rougeâtre, avec les bords légèrement sinués et roulés en dessous. Les feuillets sont inégaux, roux ou jaunâtres, d'abord couverts d'une espèce de membrane en réseau, dont on retrouve à peine quelques traces au bord du chapeau ou sur le pédicule.

Il croît, en été et en automne, dans les bois secs, parmi la mousse. On le trouve ordinairement solitaire, quelquefois au nombre de deux individus réunis par le pied. Il est peu sapide, mais il n'a rien qui annonce les qualités nuisibles.

§ 8. — Lépiote.

Pédicule central. Feuillets recouverts en naissant d'une membrane qui se déchire avec le développement du chapeau pour former autour du pédicule un collier fixe ou mobile.

AGARIC ÉLEVÉ (Pl. 17, fig. 3 et 4).

Ce beau champignon se fait remarquer par sa haute taille, qui dépasse parfois 30 à 40 centimètres lorsque le sol favorise son développement. Son chapeau, d'abord de forme ovoïde, s'évase ensuite peu à peu en forme de parasol ; mais il est toujours plus ou moins mamelonné au centre, d'un roux panaché de brun, recouvert d'écailles imbriquées formées par l'épiderme qui se soulève. Les feuillets se terminent à une certaine distance du pédicule ; ils sont blanchâtres, libres, inégaux et très-rétrécis à leur base. Le pédicule est panaché de blanc et de brun, cylindrique, fistuleux, renflé à la base en forme de tubercule, muni au sommet d'un collier mobile et persistant.

On le trouve fréquemment, en été et en automne, dans les bois couverts et dans les terres sablonneuses. On lui donne dans nos départements une infinité de noms vulgaires, comme ceux de *grisette*, de *couleuvrée*, *coulemelle*, *coulmotte*, *parasol*, *potiron à bague*, *penchinade*, *capelan*, *bruguet*, etc. On le mange en Italie sous le nom de *bubbola maggiore*.

Ce champignon a peu de chair, mais il est très-savoureux, d'une odeur douce et fine. Son usage est très-répandu en France, en Allemagne, en Angleterre et même en Espagne, où il porte le nom de *cogomelos*. Il n'est pas moins estimé à Florence et dans le Milanais.

Il est si abondant dans certains cantons, que plus d'un ménage champêtre en fait presque sa nourriture pendant plusieurs semaines. On ne mange point la tige, elle est d'une texture coriace.

Les amateurs de champignons connaissent à peine l'agaric élevé, aux environs de Paris et de Versailles. Il est pourtant assez commun dans les bois de Boulogne, de Saint-Cloud, de Meudon, de Jouy, de Bièvre, etc. Dans le haut Languedoc, on va le cueillir dans les bruyères, d'où lui vient le nom de *bruguet*, de *brugairol*. On le mange cuit sur le gril et assaisonné d'huile d'olive. Il croît également dans les Pyrénées-Orientales, à Perpignan, à Céret, à Arles, etc. On le nomme *cugumellos*, et on le prépare comme les mousserons. Il est peu de champignons aussi légers, aussi délicats, aussi faciles à digérer.

§ 9. — Amanite.

Pédicule central, plus ou moins renflé à la base. Volva entier ou incomplet recouvrant le champignon à sa naissance, et dont il reste ordinairement quelques débris sur le chapeau ou à la base du pédicule.

AGARIC FAUSSE ORONGE

(Pl. 18, fig. 1 et 2 ; Pl. 19, fig. 1, 2 et 3 ; Pl. 20, fig. 1).

Ce champignon est de la plus grande beauté. Son chapeau à moitié épanoui ressemble à une espèce de dôme teint d'un rouge vif et agréablement moucheté de pellicules blanches. Peu à peu ce chapeau s'évase et prend une forme horizontale ; il est large d'environ 13 à 16 centimètres, et quelquefois davantage, d'une nuance plus foncée au centre, plus ou moins couvert de verrues blanchâtres, formées par les débris du volva ; ses bords sont d'un rouge orangé et quelquefois légèrement striés. Les lames sont d'un blanc de neige, nombreuses, larges, inégales, d'abord revêtues d'une membrane de la même couleur, qui se rabat ensuite sur le pédicule en forme de collier ou d'anneau. Le pédicule est blanchâtre, plein, épais, cylindrique, un peu écailleux, bulbeux à sa base, haut de 13 à 16 centimètres.

La surface du chapeau est luisante, un peu visqueuse ; sa chair est épaisse, blanche à l'intérieur, jaunâtre près de la peau, d'un goût fade, d'une odeur suspecte. La bulbe du pédicule exhale particulièrement une odeur forte et nauséabonde.

Une variété a des verrues d'une couleur dorée ou citrine, ainsi que l'anneau, dont les bords sont finement dentés. Son pédicule est épais, bulbeux et d'un blanc teint de jaune. Elle n'est point commune ; je l'ai observée dans les taillis de Porchéfontaine. On la trouve dans les bois des départements méridionaux et dans la forêt de Loches (Indre-et-Loire).

Une autre variété a le chapeau uni, dépourvu de verrues. Elle est moins rouge ; ses teintes sont plus douces, surtout vers les bords où le jaune domine. Elle est rare aux environs de Paris ; on la rencontre néanmoins dans les lieux un peu découverts du bois de Meudon. M. Dubois l'indique dans la forêt d'Orléans, et Van Sterbeeck, dans les bois de la Belgique. Comme elle n'est point tachée par les débris du volva, on pourrait la prendre pour la véritable oronge ; mais on ne s'y trompera point, si l'on fait attention que les feuillets de celle-ci sont constamment jaunes, tandis qu'ils sont blancs dans la fausse oronge et ses variétés.

La fausse oronge croît abondamment dans tous les bois de l'Europe, vers la fin de l'été et pendant une partie de l'automne. Elle est commune dans les endroits sombres et un peu humides de Verrières, de Meudon, de Vincennes, de Montmorency, etc., où elle naît tantôt solitaire, et tantôt par groupes plus ou moins nombreux.

AGARIC FULIGINEUX (Pl. 20, fig. 2).

Cette espèce d'amanite, dont je ne trouve nulle part la description, s'élève à la hauteur de 8 à 10 centimètres sur un pédicule droit, blanc, épais, d'une grosseur à peu près égale partout, excepté à la base, qui est renflée en forme de bulbe. Le collier est également blanc, très-long, rabattu et presque collé sur le pédicule. Le chapeau est arrondi, convexe, régulier, de 8 à 10 centimètres de diamètre, un peu visqueux, luisant, d'une couleur presque noire ou fuligineuse, avec un reflet roussâtre, parsemé de verrues blanches, globuleuses, semblables à des gouttes de lait. Les feuillets sont d'un blanc pur, serrés et d'une longueur inégale.

La substance du chapeau est épaisse, ferme, blanche intérieurement, d'une couleur paille sous la peau ; elle a peu d'odeur : mais son goût, d'abord fade, douceâtre, puis un peu âcre, n'annonce point un champignon salubre, sans compter que celui-ci appartient à un groupe qui renferme un assez grand nombre d'espèces malfaisantes.

L'agaric fuligineux est assez rare. Je l'ai rencontré une ou deux fois dans mes excursions à Meudon, et une autre fois dans les taillis de Sainte-Geneviève. Il paraît se plaire dans les lieux frais et herbeux.

AGARIC DARTREUX (Pl. 20, fig. 3).

Ce champignon a un pédicule blanc, haut d'environ 8 centimètres, un peu aminci au sommet, plus épais et renflé en forme de bulbe à sa base, muni d'un anneau de la même couleur et dont les bords sont denticulés. Le chapeau est d'abord de forme hémisphérique, ensuite presque plan, large de 5 à 8 centimètres, couleur de feuille morte ou d'un roux plus ou moins prononcé, strié sur les bords, taché de petites écailles ou pellicules blanches, nombreuses, agglomérées sur toute sa surface, et qui lui donnent un aspect dartreux. Les feuillets sont multipliés, entremêlés de quelques feuillets plus courts et d'une couleur blanchâtre.

On trouve cette espèce d'amanite, en automne, au bord des bois. Je l'ai observée à Ville-d'Avray, non loin de l'étang. Sa chair est blanche, assez ferme ; mais elle n'a rien d'agréable au goût ni à l'odorat. On doit s'en défier.

AGARIC BLANC FAUVE (Pl. 21, fig. 1).

C'est une belle et rare amanite dont aucun ouvrage n'offre la description exacte. Son chapeau est orbiculaire, convexe, large de 10 à 16 centimètres, d'un blanc fauve sur les bords, qui sont légèrement striés, d'une teinte plus foncée vers le centre, parsemé d'écailles plus ou moins larges, aplaties et roussâtres. Les feuillets sont larges, inégaux, blancs, recouverts en naissant d'une membrane de couleur rosée qui se déchire à mesure que le chapeau s'évase, et forme ensuite autour du pédicule un anneau large, légèrement denté sur les bords. Le pédicule est long de 10 à 16 centimètres, d'un blanc rougeâtre, épais, écailleux et renflé à sa base, plus mince et marqué de petites lignes purpurines à son sommet.

Elle croît, en août et septembre, dans les lieux ombragés des bois. Je l'ai observée dans les bois de Porchéfontaine, de Jouy, de Chevreuse, et dans la forêt de Marcoussis. Sa chair est blanche, ferme, cassante, d'un goût et d'une odeur qui n'ont rien de désagréable. Toutefois, comme elle est voisine de quelques espèces très-pernicieuses, nous n'oserions pas en conseiller l'usage.

AGARIC CENDRÉ (Pl. 21, fig. 2 et 3).

Les ouvrages les plus récents ne font pas non plus mention de cette jolie espèce qui s'élève à la hauteur de 8 à 10 centimètres sur une tige d'un blanc de neige, cylindrique, médiocrement épaisse, presque égale dans toute sa longueur, excepté à sa base, où elle se termine par une sorte de bulbe. Son chapeau est large d'environ 8 centimètres, arrondi, convexe, d'un blanc grisâtre ou cendré sur les bords, qui sont finement striés, d'une couleur brune et comme fuligineuse vers le centre, moucheté çà et là de pellicules blanches, les unes arrondies, les autres anguleuses. Les lames sont d'un blanc pur, très-nombreuses, inégales en longueur, et revêtues en naissant d'une membrane légère, blanche, transparente, qui se détache peu à peu à mesure que le chapeau s'évase pour retomber en forme de collerette vers le milieu de la tige.

C'est dans les terres légères, un peu sablonneuses, qu'on rencontre ce champignon, dont le port est très-élégant. Il se plaît surtout dans les lieux qui ne sont pas très-couverts, sur les pelouses un peu arides, sur la lisière des bois. Je l'ai trouvé dans les bois de Montmorency et dans la forêt de Saint-Germain. Il abonde dans les bois de Verneuil, dans la forêt de Loches (Indre-et-Loire). Sa chair, blanche, un peu friable, a un goût de moisi qui me fait suspecter ses qualités alimentaires.

AGARIC ORONGE (Pl. 22, fig. 1-4).

Ce beau champignon, si renommé par son goût exquis, par son parfum délicat, est d'une forme ovoïde et entièrement enveloppé d'une membrane blanche en sortant de terre; mais bientôt son chapeau déchire le voile qui le couvre, et continue de grandir jusqu'à ce qu'il ait acquis 10 à 13 centimètres de diamètre. Ce chapeau est alors presque plan, orbiculaire, d'un jaune orangé, d'une teinte plus vive vers le centre, très-rarement taché par les débris du volva ; sa surface est douce, unie partout, excepté sur les bords, qui sont sensiblement rayés et quelquefois incisés. Les feuillets sont larges, épais, inégaux, sinués et d'un jaune d'or. Le pédicule, à peu près de la même couleur, est plein, bulbeux, haut de 10 à 16 centimètres, entouré à sa partie supérieure d'un anneau jaune, large et rabattu.

On le trouve, vers la fin de l'été, dans les bois peu couverts, principalement dans les bois plantés de châtaigniers. Il abonde dans l'Europe australe, en Italie et en France. Je ne l'ai jamais observé aux environs de Paris, pas même dans la forêt de Fontainebleau, où Paulet dit l'avoir rencontré. Mais il est très-commun aux environs de Bordeaux et de Toulouse, dans les départements de la Charente, de la Dordogne, de la Haute-Vienne, de la Corrèze, de Lot-et-Garonne, du Tarn, de l'Aveyron, du Cantal, de l'Hérault, du Gard, du Rhône, de l'Ardèche, de l'Ariége, des Basses-Pyrénées, etc. On l'appelle, suivant les cantons, *oronge, oronge vraie, irandja, dorade, jazeran, jaune-d'œuf, mujolo, campairol,* etc.; en Piémont, *bole reale ;* à Florence, *uovolo ordinario.* Sa pulpe est teinte de jaune sous la peau, blanche intérieurement, et non de la couleur d'un abricot bien mûr, comme le dit Paulet. Nous avons observé maintes fois l'espèce qui croît dans le Midi ; elle est bien un peu jaune à la partie qui est en contact avec l'épiderme, mais sa substance intérieure est blanche.

On regarde l'agaric oronge comme le plus fin, le plus délicat des champignons. Il était connu chez les Romains sous le nom de *boletus.*

AGARIC BULBEUX (Pl. 23, fig. 1 et 2).

Ce champignon, sans contredit le plus pernicieux de la section des amanites, porte un chapeau convexe, charnu, large de 5 à 10 centimètres, de couleur variée, mais en général d'un jaune verdâtre, quelquefois d'un vert-olive ou strié de brun et de vert, surtout vers le milieu, rarement taché par les débris du volva, doublé de lames blanchâtres, larges, assez nombreuses et inégales. Le pédicule est blanc, épais, cylindrique, haut de 8 à 10 centimètres, renflé en forme de bulbe à sa base, muni au sommet d'un anneau large, ordinairement rabattu et de la couleur des feuillets.

On trouve fréquemment cette plante, en été et en automne, dans les bois des environs de Paris. Elle est plus ou moins forte suivant le sol où elle croît ; très-développée dans les lieux humides, dans les vallées sombres, beaucoup plus petite dans les terrains secs et sablonneux. Elle a un goût douceâtre, une odeur nauséeuse et virulente qui se manifeste surtout à sa bulbe. Ses propriétés vénéneuses résident dans une matière grasse, molle, jaune, âcre.

AGARIC CITRIN (Pl. 23, fig. 3 et 4).

C'est encore une espèce très-délétère qu'on rencontre à chaque pas dans nos bois, vers la fin d'août et pendant une partie de l'automne. Elle est enveloppée en sortant de terre d'un volva dont il reste des fragments sur le chapeau, sous la forme de plaques irrégulières plus ou moins larges, et d'un blanc grisâtre. Ce chapeau est convexe, un peu aplati, large de 5 à 8 centimètres, légèrement strié sur les bords, d'un jaune-citron ou serin, quelquefois d'un jaune très-pâle, doublé de lames blanches, inégales et un peu arquées. Le pédicule est cylindrique, élancé, ordinairement blanc, bulbeux, pourvu d'un anneau un peu teint de jaune, et dont les bords sont finement dentés.

Ce champignon est également plus ou moins développé suivant la nature du sol et son exposition. Il est grêle, très-petit parmi la mousse, dans les lieux secs et sablonneux; il est plus élevé, il a des dimensions plus fortes dans les bruyères, dans les terrains humides. Sa chair est blanche, d'une odeur vireuse, analogue à celle qu'exhalent les substances moisies. La plus petite dose excite le dévoiement chez les animaux. Un chat, à qui j'en ai donné environ 4 grammes, a eu des spasmes et le dévoiement ; un autre, qui en avait pris une plus forte dose, a péri dans les convulsions.

AGARIC VÉNÉNEUX (Pl. 23, 5).

Cette espèce, improprement appelée *agaric printanier,* se montre rarement au printemps, à moins qu'une température humide et très-chaude ne hâte son développement; mais elle est assez commune en août et surtout en septembre, dans tous les bois des environs de Versailles. Je la retrouve tous les ans, à peu près à la même époque, dans les taillis de Porchéfontaine, dans les bois de Meudon, de Buc, de Gonart, de Ville-d'Avray, etc. Je l'ai rencontrée cette année (1838) vers la fin d'octobre, dans le petit vallon de Bouviers. Le nom que j'ai cru devoir lui imposer est d'autant plus convenable, qu'elle a des traits de ressemblance avec l'agaric comestible des pacages, et que cette malheureuse ressemblance a donné lieu à de nombreux empoisonnements.

Elle est blanche dans toutes ses parties, enveloppée à sa naissance d'un volva de la même couleur. Son chapeau est légèrement convexe, large de 5 à 10 centimètres, d'un blanc mat, souvent taché par quelques fragments du volva, et quelquefois un tant soit peu teint de jaune vers le centre. Les lames, toujours blanches, sont recouvertes en naissant d'une membrane légère qui se détache ensuite et reste adhérente autour du pédicule, où elle forme un collier mince, asez large. Le pédicule est plein, cylindrique, bulbeux à sa base, haut de 8 à 16 centimètres.

Les dimensions de cet agaric sont très-variables suivant les lieux où il croît; il est ordinairement d'une jolie forme et d'une couleur propre à séduire ceux qui connaissent peu les champignons. On l'a souvent pris pour le champignon de couche ou des prairies, et surtout pour la variété connue sous le nom de *boule-de-neige*, laquelle croît également dans les bois. Voici les caractères essentiels qui distinguent ces deux espèces différentes. Le champignon des prairies n'a point de volva, tandis que cette membrane laisse toujours quelques traces sur le chapeau ou à la base du pédicule de l'agaric vénéneux. Le premier a la surface sèche; on peut le peler aisément; il a d'ailleurs une saveur agréable et une odeur aromatique qui ressemble un peu à celle du cerfeuil. Le second a la surface un peu humide; la peau adhère fortement à la chair et ne peut s'enlever. Il exhale une odeur désagréable, vireuse, et sa saveur, d'abord peu sensible, devient ensuite très-âcre. Les feuillets du champignon comestible sont d'un blanc rosé ou d'un violet tendre; ceux de l'espèce vénéneuse sont constamment blancs. Ce dernier caractère est si évident, si palpable, qu'il est impossible avec un peu d'attention de confondre ces deux espèces.

Les trois espèces que nous venons de décrire, et que plusieurs botanistes regardent comme des variétés de l'agaric bulbeux de Bulliard, sont très-remarquables par leurs qualités nuisibles; elles contiennent, ainsi que la fausse oronge, une matière grasse très-délétère.

TRIBU DES TUBÉRACÉES.

Espèces souterraines, dépourvues de racines, tout à fait semblables à des tubercules, et dont les réceptacles ne s'ouvrent point. Elles se distinguent de toutes les autres espèces de champignons par les petites veines qui traversent leur substance charnue dans tous les sens, et lui donnent un aspect marbré. Les sporanges, placés entre ces veines, renferment des sporules très-petites et arrondies.

TRUFFE.

Réceptacle globuleux, veiné ou marbré, renfermant un grand nombre de sporanges pédicellés, épars entre les veines. Sporules sphériques, diaphanes, peu apparentes.

TRUFFE COMESTIBLE (Pl. 24, fig. 1 à 10).

Cette production souterraine est d'une forme plus ou moins arrondie, chagrinée à sa surface, verruqueuse ou relevée de petites éminences dures, à peu près prismatiques, d'une couleur noire à sa maturité; d'une substance ferme, veinée et comme marbrée intérieurement. Ses principales variétés sont la truffe noire, qui est noire en dehors et un peu moins foncée intérieurement, avec des lignes roussâtres disposées en réseau; la truffe grise, d'une couleur d'abord blanchâtre, puis d'un brun cendré; la truffe violette, dont la couleur est d'un noir violet, et la truffe à odeur d'ail.

On trouve ces différentes espèces ou variétés dans plusieurs de nos départements. La variété grise croît sur la chaîne calcaire qui, du département de l'Aube, traverse celui de la Haute-Marne et s'étend jusque dans la Côte-d'Or. Ses qualités précieuses doivent la faire rechercher, car elle se rapproche beaucoup de la truffe blanche à odeur d'ail du Piémont. Mais la plus célèbre de toutes est celle qui porte le nom de *truffe noire*. Elle abonde dans les terres des environs de Périgueux, d'Angoulême, de Souillac, de Brives-la-Gaillarde, etc. On la trouve également dans les départements du Gard, de la Drôme, de l'Isère, de Vaucluse, de l'Hérault, du Tarn; dans plusieurs cantons des montagnes du Jura, de l'Ardèche, de la Lozère, etc. Il y a peu de forêts en France qui n'en renferment plus ou moins. On en a trouvé dans le Calvados, au village de Colleville, près de Caen, et dans le département de l'Orne, non loin d'Alençon. Elle vient par groupes épars, sous la terre, à 8 ou 10 centimètres de profondeur, et quelquefois davantage, dans les bois plantés de chênes et de châtaigniers; elle se plaît surtout dans les terrains légers, sablonneux, mêlés de parties ferrugineuses, dans les lieux dégagés de broussailles épaisses, bien aérés, ombragés par de grands arbres qui affaiblissent l'action trop vive des rayons solaires. Elle prospère surtout dans le voisinage du chêne, qui la protége de son ombre. Les écorces et les feuilles de cet arbre favorisent aussi sa reproduction, et lui donnent un parfum plus fin, plus exquis. Sous les ormes, les hêtres, les érables, elle est moins forte, moins nombreuse et moins sapide.

A peine de la grosseur d'une petite cerise au printemps, la truffe égale assez souvent celle d'un œuf vers la fin de l'automne; on en a même vu du poids de 500 grammes; mais ces tubercules ne sont pas d'un goût aussi parfait que ceux d'une grosseur moyenne. Dans sa jeunesse, la truffe est blanchâtre, peu odorante, d'une consistance molle, d'un goût fade ou de terreau;

ce n'est que lorsqu'elle approche de sa maturité, au mois de décembre, qu'elle devient ferme et noire, que ses principes sapides et aromatiques s'élaborent, se combinent pour les délices des palais sensuels et délicats. Mais elle perd son parfum vers la fin de l'hiver; puis elle redevient blanchâtre, se ramollit, se décompose et se dissout.

Comme tous les champignons, les truffes aiment une température chaude et un peu humide. A la suite d'un temps pluvieux un peu prolongé, elles se trouvent ordinairement à une moindre profondeur; quelquefois même elles soulèvent la terre en forme de mamelons que les rayons du soleil font ensuite gercer.

Les truffes les plus estimées et les plus délicates nous viennent de la Dordogne, surtout des environs de Sarlat.

On les reconnaît à leur odeur volatile, presque enivrante, à leur forme arrondie, régulière, à la finesse et à la couleur d'ébène de leur enveloppe. Elles sont tellement noires, qu'à la lumière on dirait qu'elles ont été trempées dans de l'encre. Leur chair est ferme, compacte, brune, ou fuligineuse, parsemée de veines blanchâtres et très-déliées.

Les truffes de la Charente ont beaucoup d'affinité avec celles du Périgord; celles que produisent les environs d'Angoulême, de Ruffec, de Barbezieux, sont très-aromatiques et d'un goût très-fin.

Le Quercy nous en fournit aussi d'excellentes; on prise particulièrement celles de Souillac et de Cressensac. Elles sont anguleuses, d'une forme irrégulière; les veines qui traversent leur tissu sont roussâtres, la plupart très-prononcées. On en trouve dans le Tarn une assez grande quantité qui est consommée dans le pays. Elles ont beaucoup d'analogie avec celles du Lot et de la Corrèze, pour la configuration et le goût. Elles croissent dans les cantons d'Alby et de Réalmont; dans ceux de Cordes, de Montmiral, de Lautrec, de Lavaur et de Puylaurens.

Leur parfum n'est pas tout à fait aussi fin que celui des truffes du Quercy, mais elles sont d'une bien plus forte dimension. On m'écrit qu'on en trouve dans ces différents cantons qui pèsent 600, 750 et même 1000 grammes; que celles de Cordes et de Montmiral sont d'ailleurs les plus estimées.

On distingue les truffes de la Drôme, surtout celles qu'on nous envoie de Valence, de Romans, de Crest ou Tain, à leur forme régulière, bien tournée, à leurs veinules déliées, blanchâtres, à leur tissu ferme, parfumé et d'un goût fort agréable. Elles rivalisent avec les truffes du Gard, qui se rapprochent beaucoup elles-mêmes, quant à leur forme et à leur parfum, de celles du Périgord; mais leurs veines sont plus distinctes, plus fortement dessinées.

Enfin, celles de Vaucluse offrent une surface chagrinée, relevée de petites éminences prismatiques d'un noir fuligineux. Elles ont une chair ferme, serrée, presque de la même nuance que la surface, traversée par des veines en réseau, la plupart très-fines et d'un blanc roussâtre. Ces truffes, encore peu connues à Paris, sont très-estimées dans les provinces méridionales; elles ont un parfum et un goût délicieux.

Parmi celles qui nous viennent du Midi, quelques amateurs recherchent de préférence celles de Crest, faciles à reconnaître à une certaine odeur d'ail qui n'appartient qu'aux truffes du Piémont. Dans plusieurs cantons de l'Isère et du Gard, on en trouve qui exhalent une forte odeur de musc; leur tissu est ordinairement moins ferme, et les veines qui le sillonnent sont plus prononcées. Il faut écarter soigneusement ces truffes; une seule, oui, une seule, suffirait pour déshonorer une dinde ou gâter un ragoût. On en a observé en Bourgogne et ailleurs qui sentaient la résine; à Naples, elles ont quelquefois un goût de soufre qui ne saurait plaire à un gastronome délicat.

1. *Clavaire coralloïde*. Clavaria coralloïdes. Alim. – 2. *Clavaire améthyste*. C. amethystea. Alim.
3. *Helvelle en mitre*. Helvella mitra. Alim. – 4 et 5. *Morille comestible*. Morchella esculenta.

Hocquart et Bordes del. — N. Rémond imp. — Gabriel sculp.

1. Polypore luisant. Polyporus lucidus. Venen — Hydne sinué. Hydnum repandum. Alim.
3. Hérisson tête de Méduse. Hericium caput Medusæ. Alim. — Hypodrys hépatique. Hyp. hepaticus. Alim.

Bordes et Rocquart del.   N. Rémond imp   Gabriel Sculp.

1, 2 et 3. *Bolets bronzé*, *Boletus æreus*, Alim.

Macquart et Bardes del.   N. Rémond imp.   Gabriel sculp.

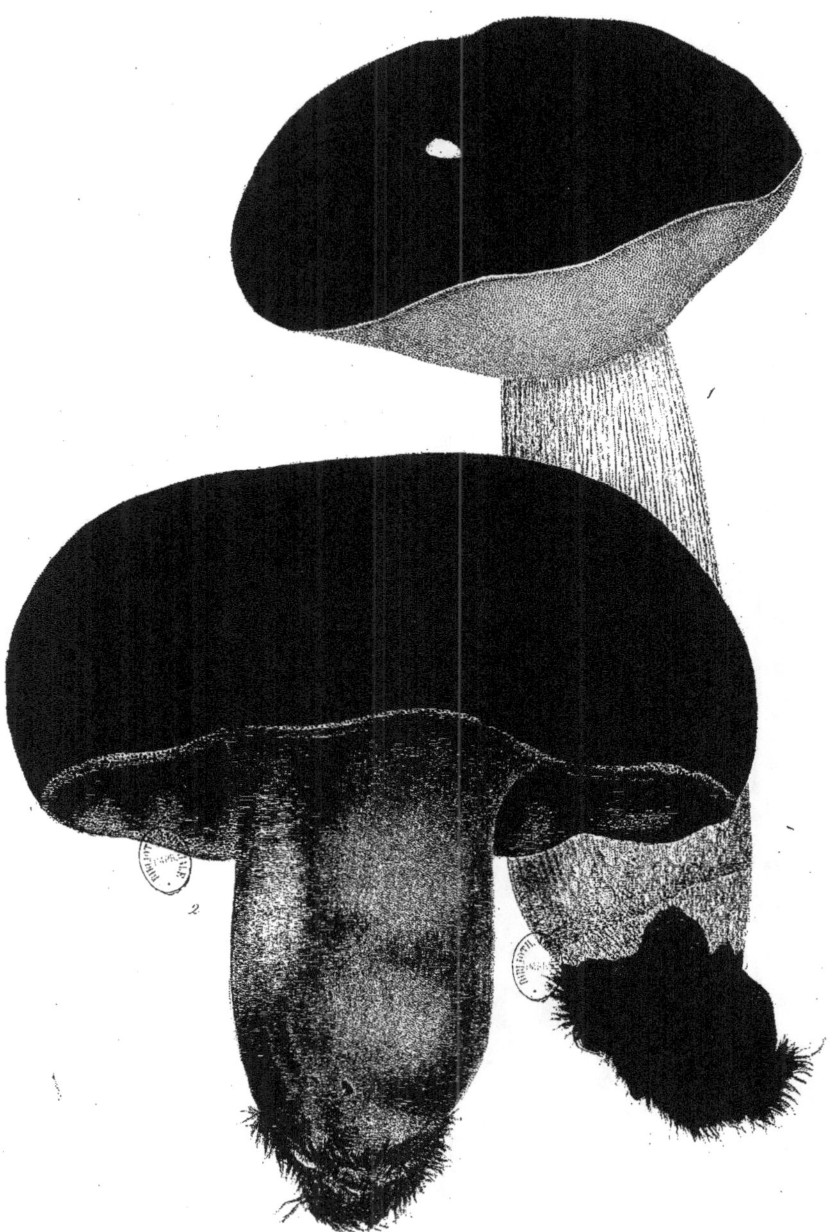

1. *Bolet bronzé*. Boletus æreus. Alttm. — 2. *Bolet comestible*. Boletus edulis.

1. 2 et 3. *Bolet comestible.* Boletus edulis.

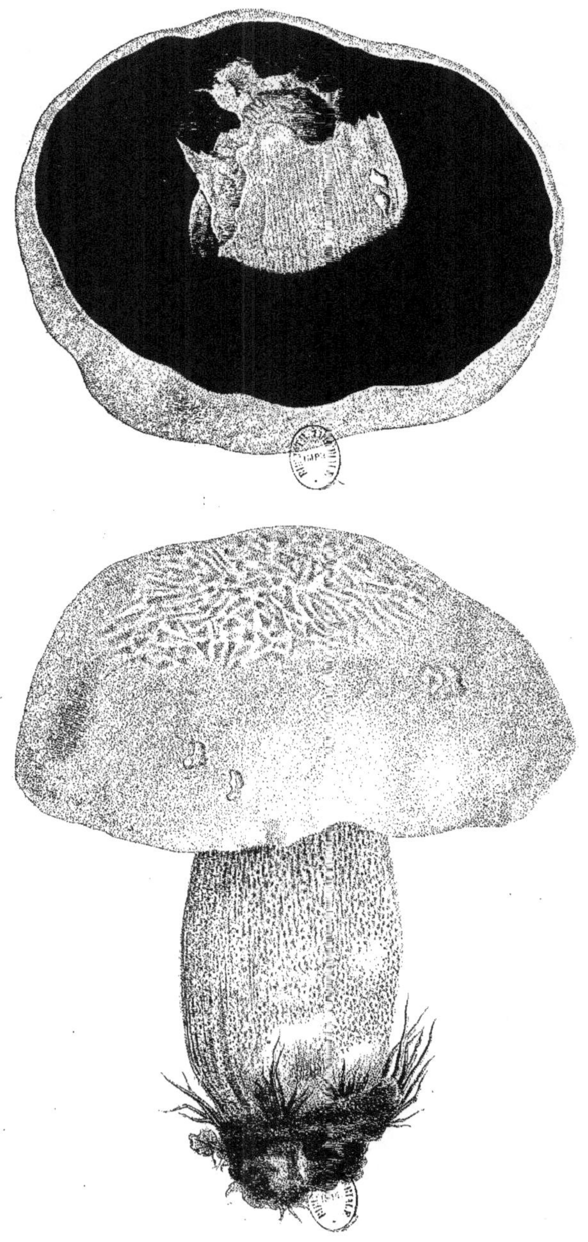

Bolet marbré. *Boletus marmoreus* . Vénén.

Bordas. del .

A. Riocreux imp .

Gabriel Sculp .

1.2 et 3. *Bolet pernicieux*. Boletus perniciosus. 4. *Bolet poivré*. Boletus piperatus. Veneu.

1. *Bolet azuré*. Boletus cyanescens. Suspect. — 2. *Bolet blanchâtre*. Boletus albidus. Suspect.
3. *Bolet chrysentère*. Boletus chrysenteron. Suspect.

1. Bolet rude. Boletus scaber Mim. ———— 2 et 3. Bolet orangé. Boletus aurantiacus Mim.

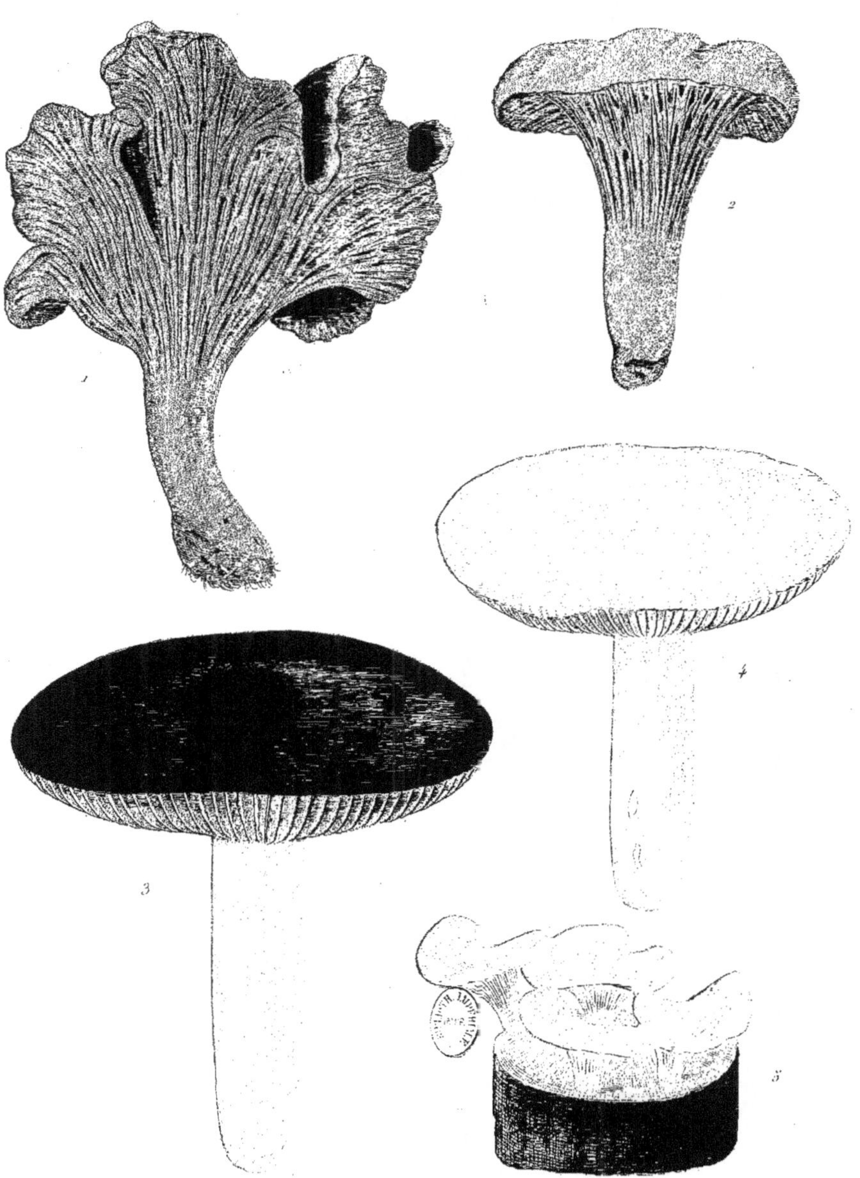

1 et 2. *Chanterelle comestible*. Cantharellus cibarius. 3. *Agaric alutacé*. Agaricus alutaceus. Alim.
4. *Agaric sapide*. Agaricus sapidus. Alim. 5. *Agaric styptique*. Agaricus stypticus. Venen.

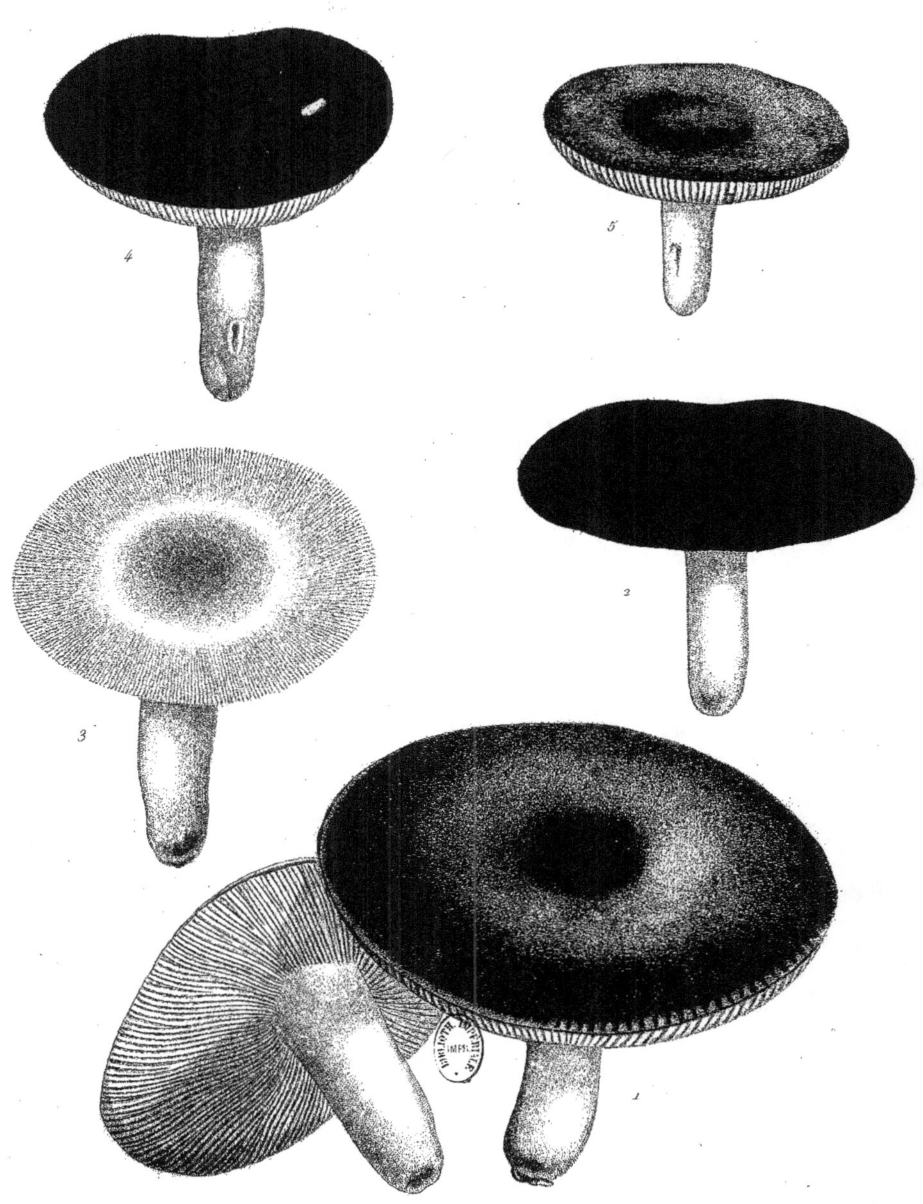

1-5. *Agaric émétique et ses variétés.* Agaricus emeticus. Venen.

Ed. quart del.   N. Remond imp.   Gabriel sculp.

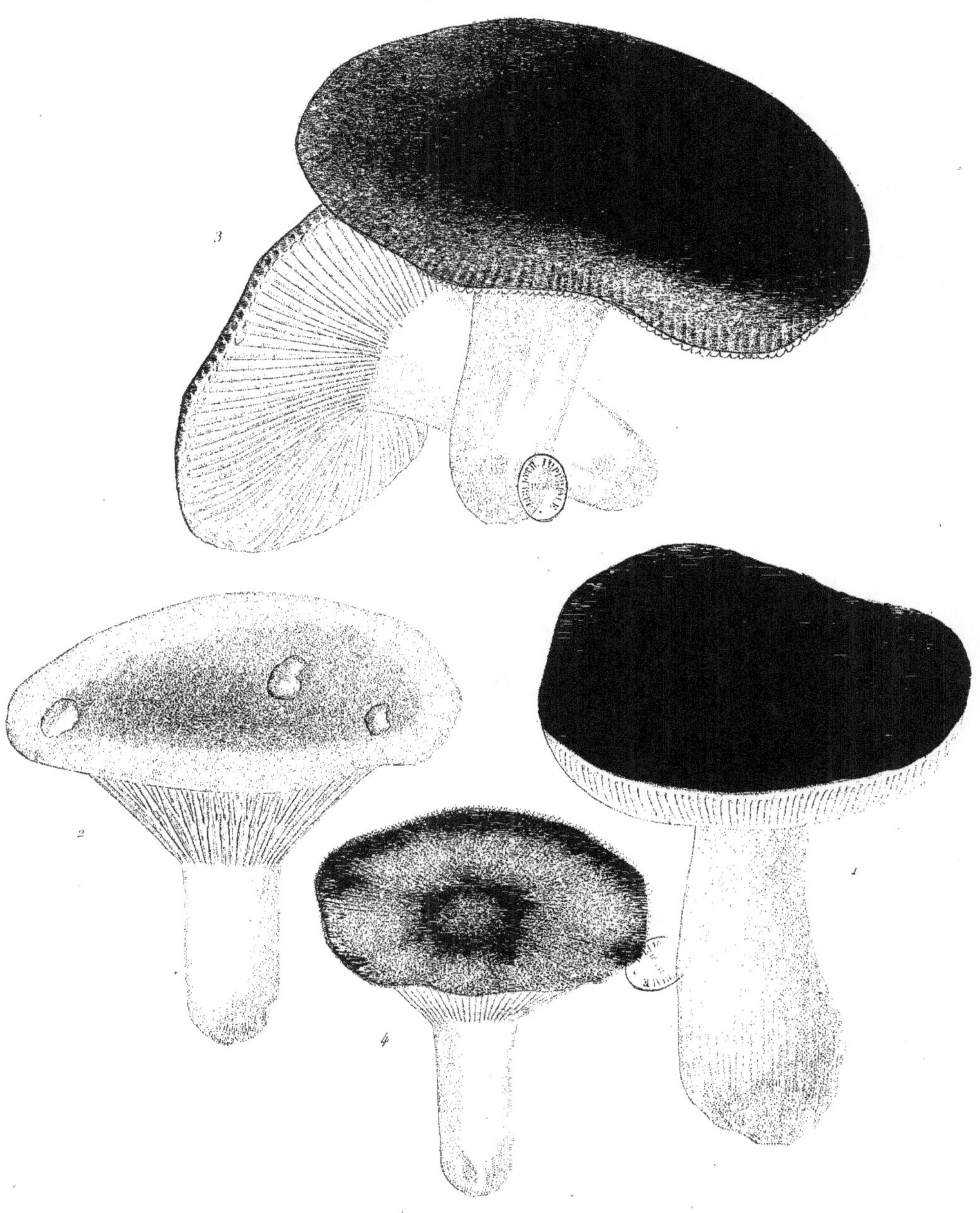

1. Agaric sanguin. *Agaricus sanguineus* Venen. — 2. Agaric fourchu. *Agaricus furcatus*. Venen.
3 et 4. Agaric verdoyant. *Agaricus viridis*. Alim.

Hocquart del.

N. Rémond imp.

Gabriel sculp.

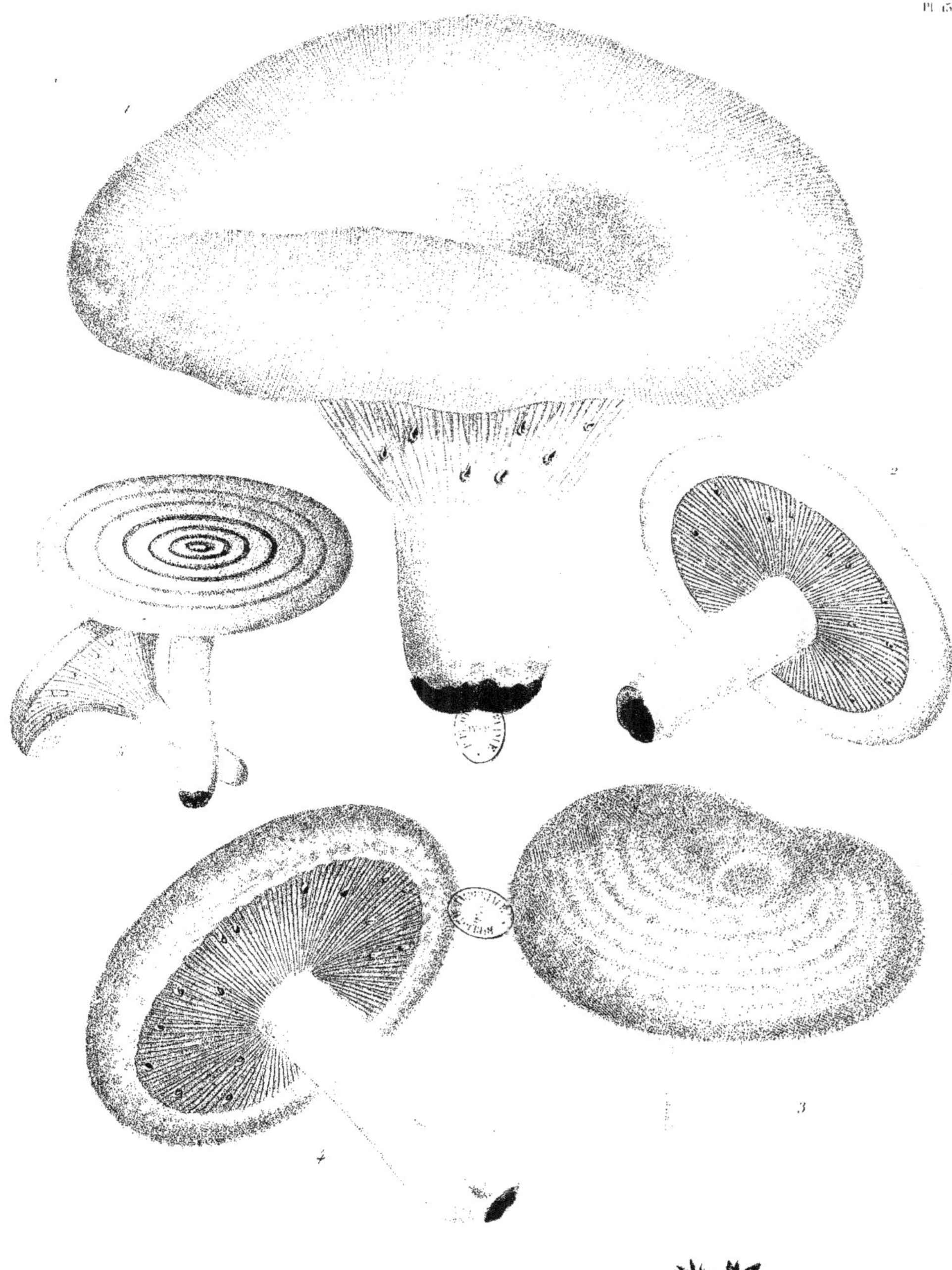

1 et 2. *Agaric poivré.* Agaricus piperatus. Suspect — 3 et 4. *Agaric meurtrier.* Agaricus necator

5. *Agaric caustique.* Agaricus pyrogalus. Venen.

Bardin del.　J. Rémond imp.　Gabriel sculp.

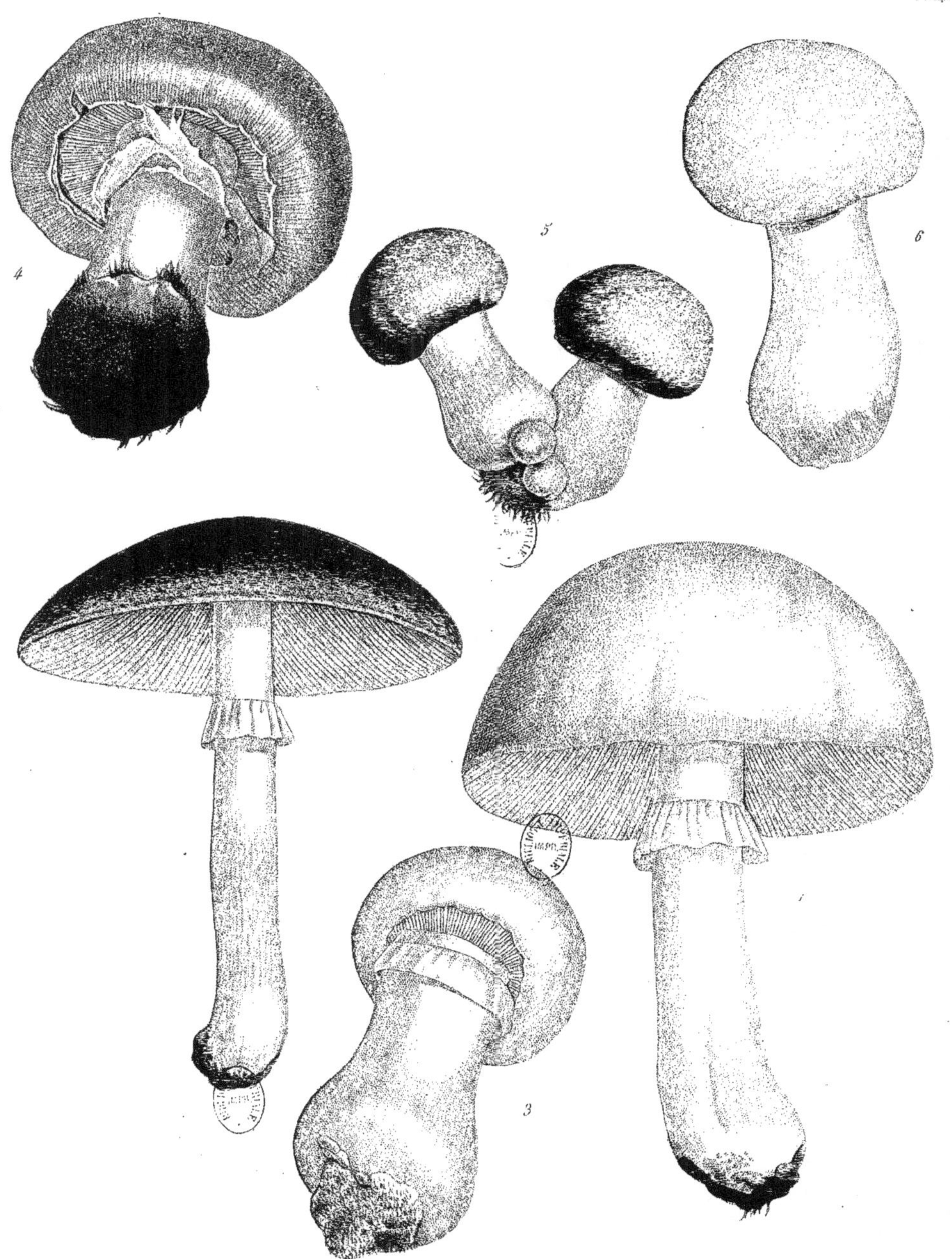

1–6. *Champignon comestible et ses variétés.* Agaricus edulis.

Bordes del.   A. Rémond imp.   Gabriel sc.

1. *Agaric amer*, Agaricus amarus. Venen. — 2. *Agaric doré*, Agaricus aureus. Venen.
3. *Agaric améthyste*, Agaricus amethysteus. Alim. — 4. *Agaric anisé*, Agaricus anisatus. Alim?
5. *Agaric nébuleux*, Agaricus nebularis. Alim.

Bordes et Hocquart del.

N. Rémond imp.

Hocquart jeune sculp.

1. 2 et 3, *Agaric mousseron*. Agaricus albellus — 4. 5. *Agaric aromatique*. Agaricus aromaticus. Alim.

6. *Agaric couleur de soufre*. Agaricus sulphureus. Suspect. — 7. 8. *Agaric faux mousseron*. Agaricus tortilis. Alim.

Bordes del.

N. Rémond imp.

Gabriel sculp.

1. *Agaric violet*. Agaricus violaceus. Alim. — 2. *Agaric taché de sang*. Agaricus Hœmatochelis. Alim.

3 et 4. *Agaric élevé*. Agaricus procerus. Alim.

Baules del.   N. Rémond imp.   J. Rocquart sculp.

1 et 2. — Agaric fausse-orange. *Agaricus muscarius.* Venen.

Bordes del.

N. Rémond lith.

Gabriel sculp.

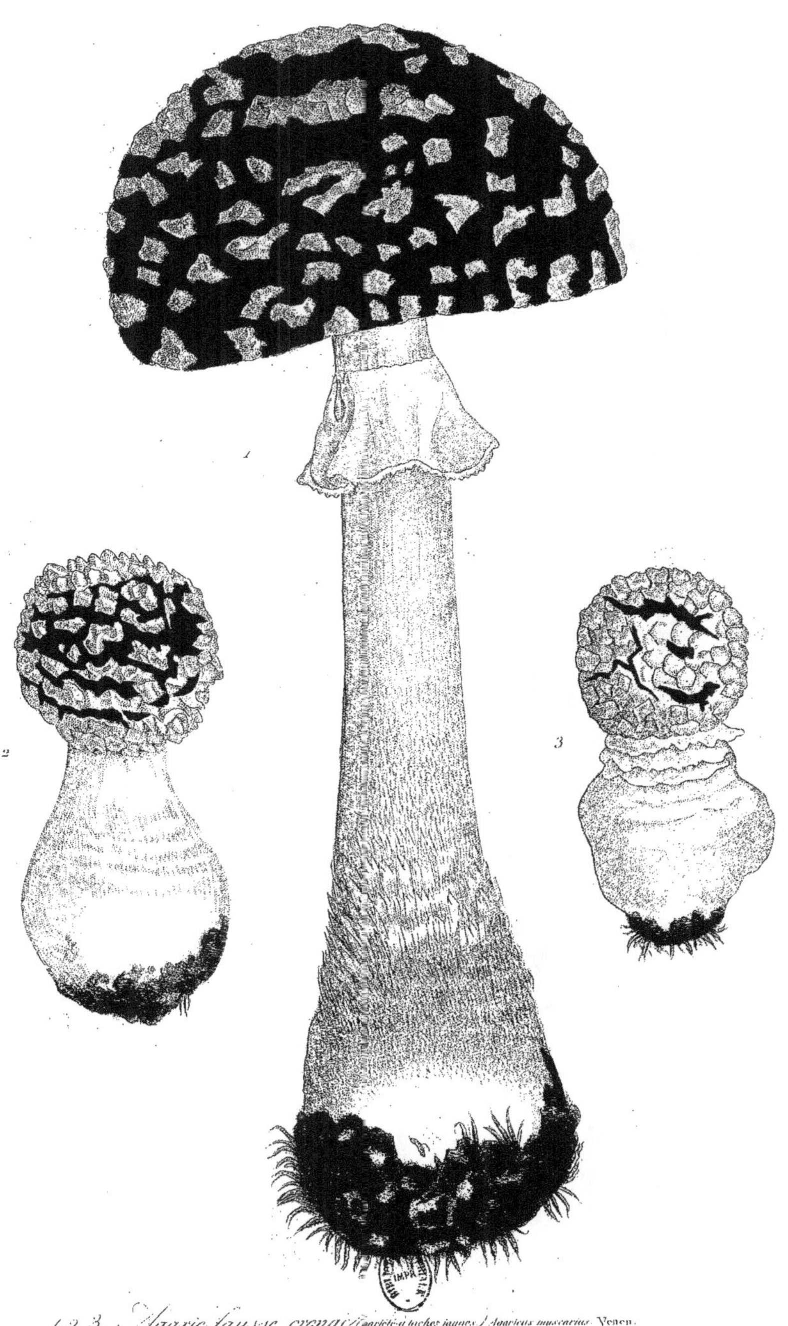

1.2.3. Agaric fausse orange (variété à taches jaunes.) Agaricus muscarius. Venen.

Bessin del.

N. Rémond imp.

Gabriel sculp.

1. *Agaric fausse orange* (variété sans taches). Agaricus muscarius. Venen.
2. *Agaric fuligineux*. Agaricus fuliginosus. Venen.
3. *Agaric dartreux*. Agaricus herpeticus. Venen.

Bordes del.

N. Remond Imp.

Gabriel sc.

1. *Agaric blanc-fauve*. Agaricus fulvo-albicans. Venen.
2 et 3. *Agaric cendré*. Agaricus cinereus. Venen.

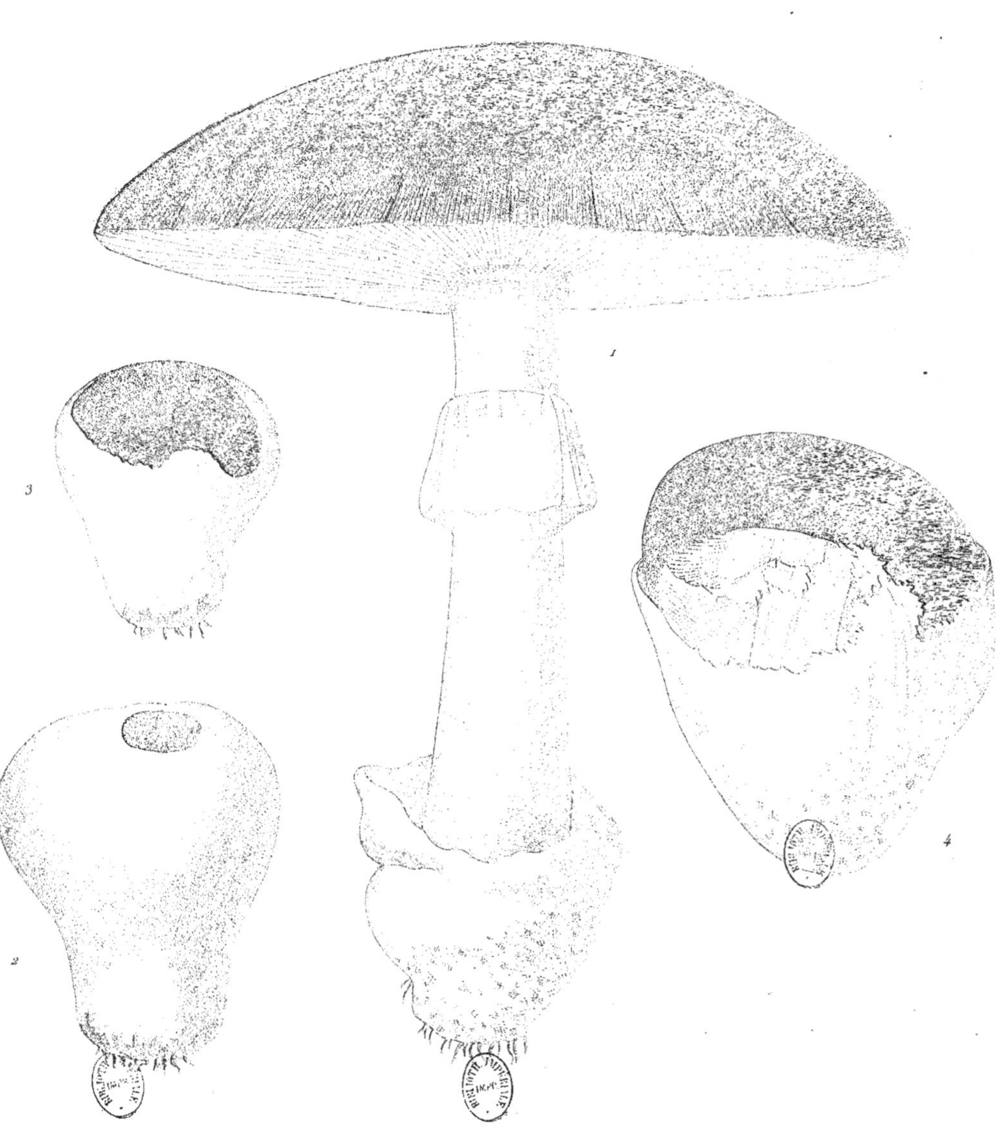

1-4. *Agaric orange*. *Agaricus aurantiacus* Mün.

Bordes del.   K. Rémond imp.   Gabriel sculp.

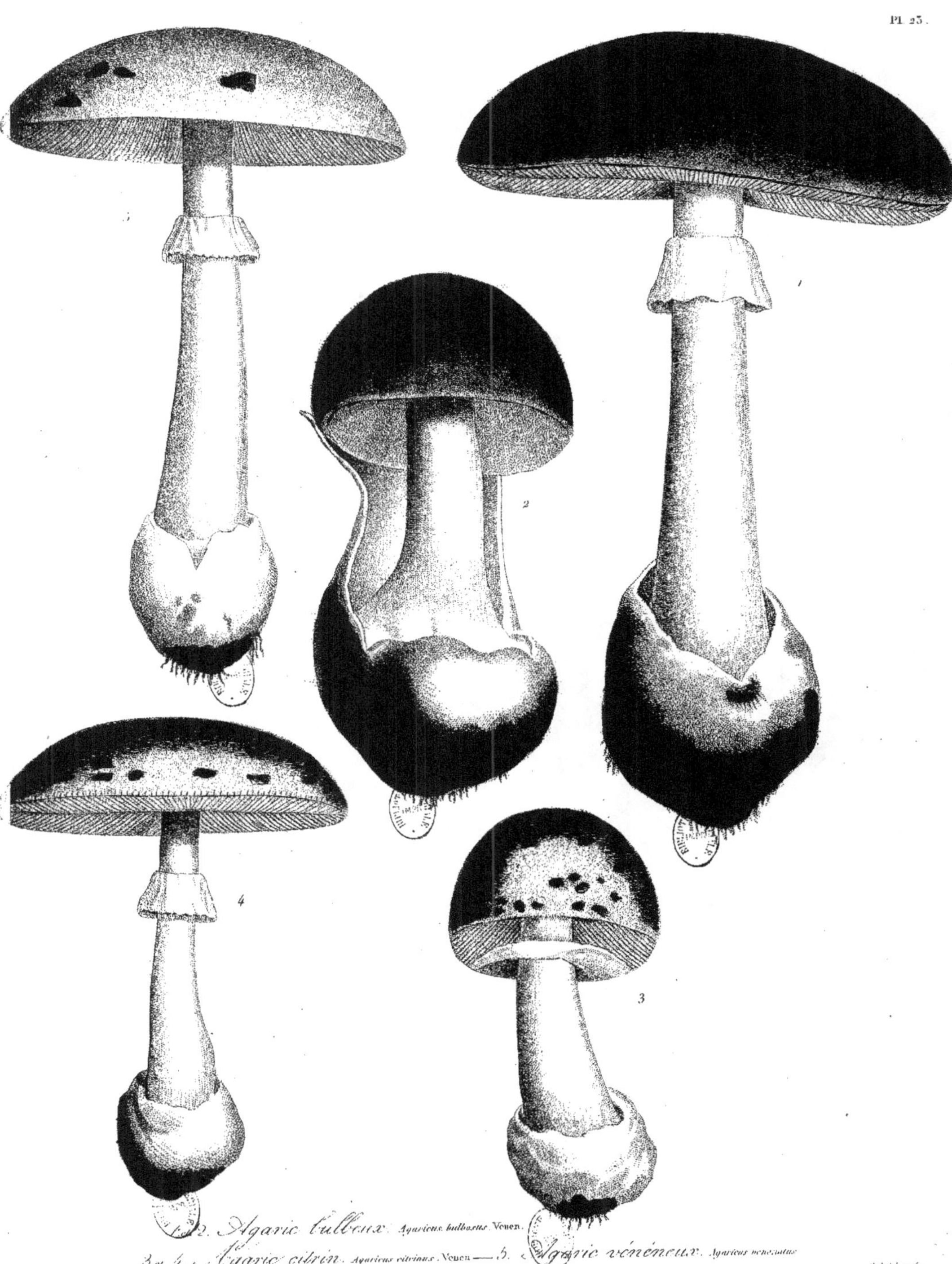

1 et 2. *Agaric bulbeux*. Agaricus bulbosus. Venen.
3 et 4. *Agaric citrin*. Agaricus citrinus. Venen.— 5. *Agaric vénéneux*. Agaricus venenatus.

Bordes del.   N. Rémond imp.   Gabriel sculp.

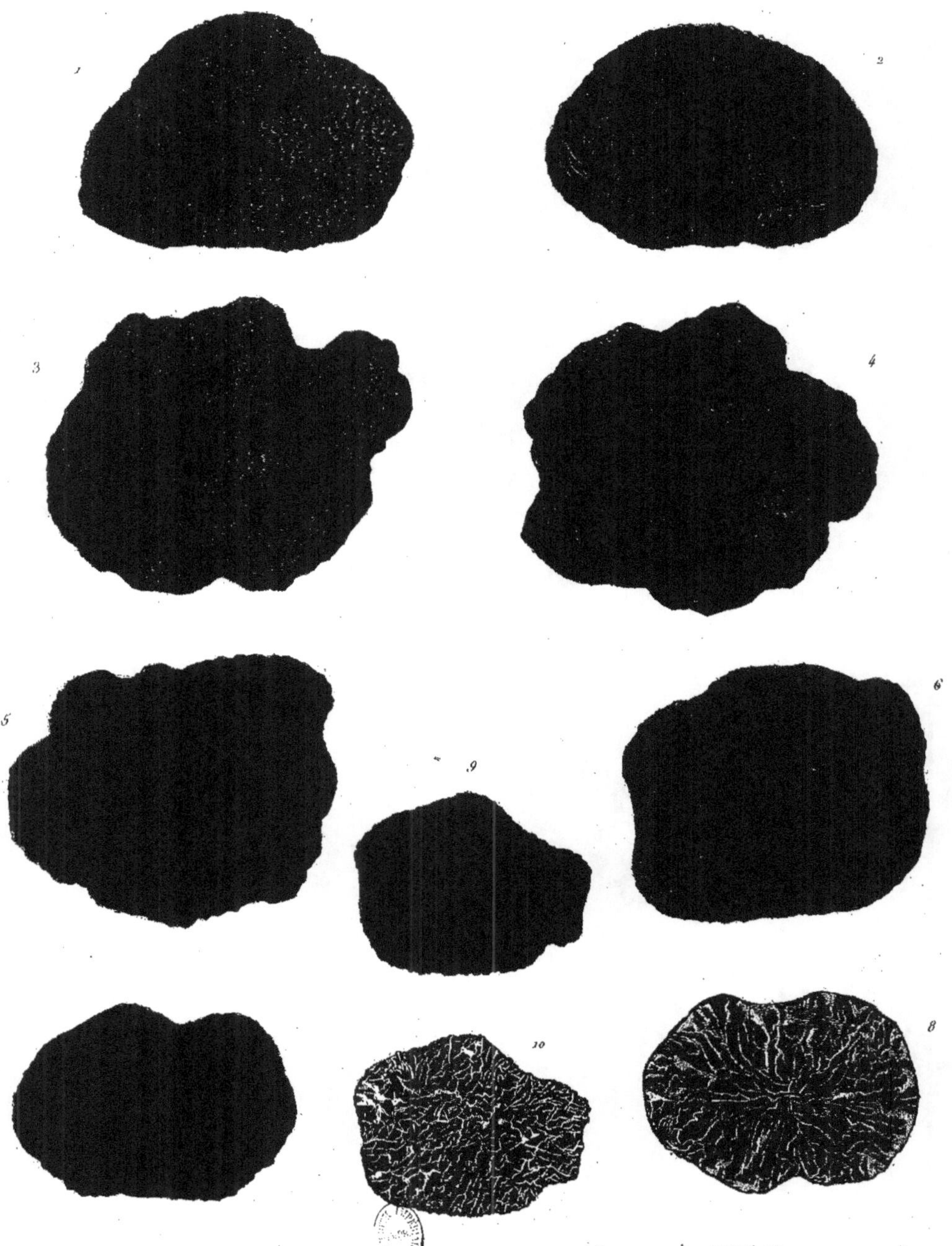

Truffe comestible. *Tuber cibarium.* — 1 et 2. Truffes du Périgord — 3 à 4. T. du Quercy.
5 et 6. T. de la Drôme — 7 à 8. T. du Gard — 9 à 10. T. de Vaucluse.

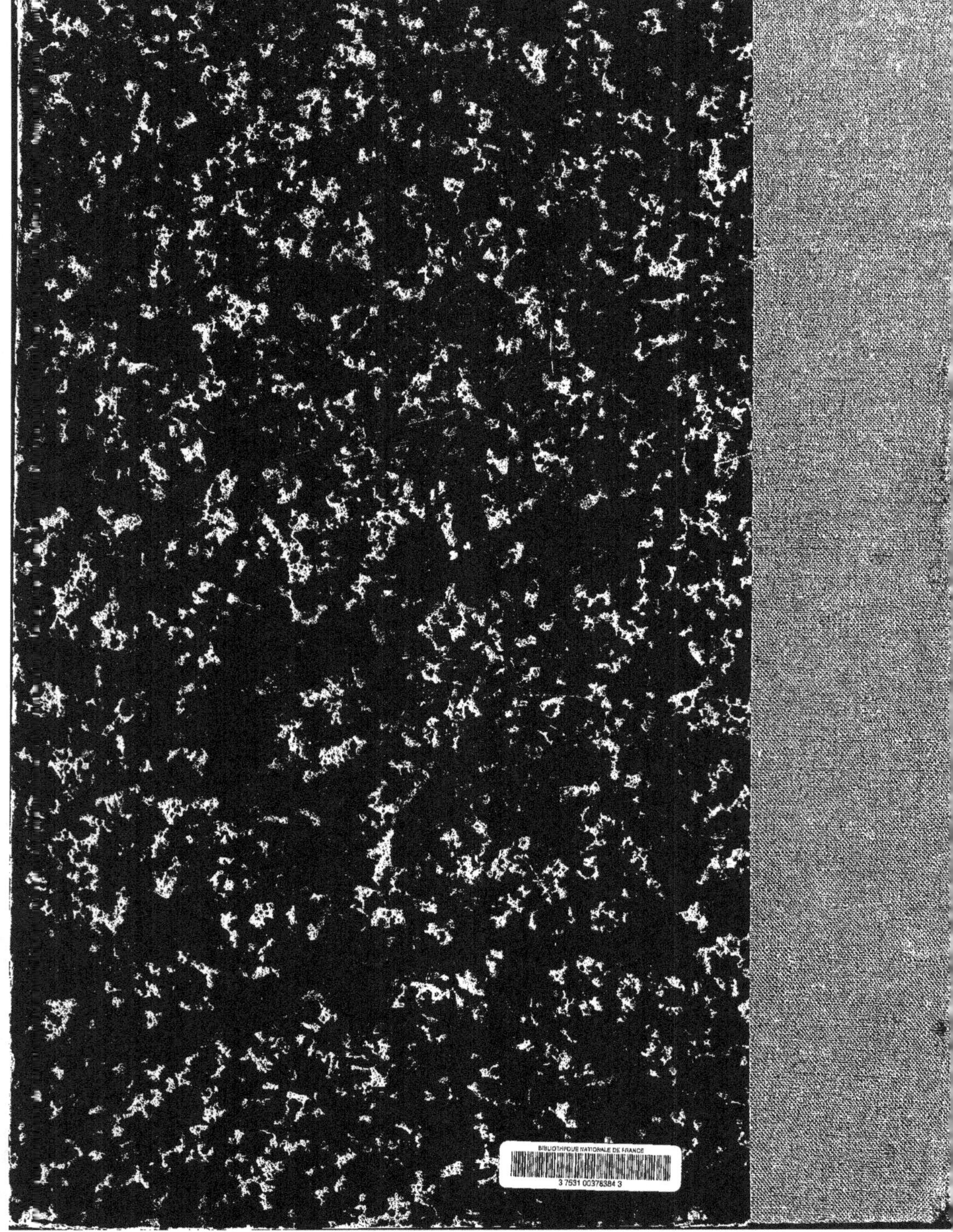